Frank Rönicke

Trabant

LEGENDE AUF RÄDERN

Motor
buch
Verlag

Umschlaggestaltung: Sven Rauert unter Verwendung von Motiven aus dem Archiv des Autors sowie N. Kósa Judit und Uvaterv (Fortepan)

Dieser Buchtext wurde von einem Menschen ohne jegliche Zuhilfenahme künstlicher Intelligenz erstellt.

Bildnachweis: Auto Union GmbH/Audi Tradition/Audi AG, Archiv Frank Rönicke, Wolfgang Barthel, Deutsche Fotothek, Fortepan (Bojár Sándor, Romák Éva, Bauer Sándor, Erky-Nagy Tibor), Prof. Dr. Peter Kirchberg, Dr. Werner Lang, Wikimedia Commons

ISBN: 978-3-613-04641-2

1. Auflage 2024

Sie finden uns im Internet unter www.motorbuch-verlag.de

Lektorat: Joachim Kuch
Innengestaltung: Jürgen Knopf, 74321 Bietigheim
Druck und Bindung: DZS GRAFIK d.o.o, 1210 Ljubljana,
Printed in Slovenia

Inhalt

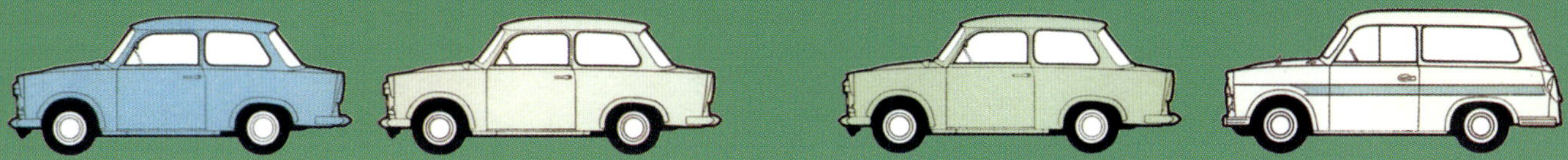

Vorwort 4

Wie Zwickau eine Automobilstadt wurde 6

Audi und Horch nach 1945 16

Neuer Karosseriewerkstoff gesucht 22

P 50 – der erste Versuch 36

P 70 – Der Zwischentyp 44

Die Duroplastteile-Fertigung wird optimiert 64

VEB Sachsenring, Automobilwerke Zwickau 72

Trabant P 50 – Der Ablösetyp 78

Ein Kleinwagen in Großserie 92

Modelle und Modellpflege 1959–1962 104

P 60 = Trabant 600 120

Der »neue« Trabant 601 132

Varianten und Ausstattungen 146

Modellpflege 1964–1988 158

Ein Trabant-Nachfolger wird gesucht 176

Ausklang im Viertakt 188

Erfolge im Motorsport 198

Die Legende lebt 206

Fakten, Zahlen und Tabellen 218

Glossar, Literaturnachweis 223

Foto: Reinhold Möller © CC-BY-SA-4.0

Vorwort

Vor genau 30 Jahren, ich war Redakteur der Clubzeitschrift des Deutschen DKW Club e.V., begann ich für einen Beitrag zur Entwicklung der Duroplast-Karosserie in der DDR, hier noch speziell für den P 70, zu recherchieren. Ich machte die Bekanntschaft von Wolfgang Barthel, der maßgeblich diese Entwicklung vorangetrieben hatte. Barthel, mit dem ich fortan eine freundschaftliche Beziehung pflegte, versorgte mich mit so viel Informationen, Bild- und Schriftmaterial, dass die Idee entstand, ein Buch über den P 70 und seine besondere Außenhaut zu schreiben. Über den Zwickauer Ingenieur machte ich dann auch die persönliche Bekanntschaft von Dr. Werner Lang, einem der sogenannten Väter des Trabant, und von Dr. Winfried Sonntag, dem langjährigen Chef der VVB Automobilbau, der zuvor das Zentrale Entwicklungs- und Konstruktionsbüro (ZEK) des DDR-Automobilbaus in Chemnitz geleitet hatte. Schon Jahre vorher hatte ich Siegfried Rauch kennengelernt und regelmäßig besucht. Rauch war bis 1955 Technischer Leiter des Forschungs- und Entwicklungswerks (FEW) der IFA gewesen und hielt zusammen mit dem Zschopauer Entwicklungsingenieur Herbert Friedrich ein Patent für einen Drehschiebereinlass für Zweitaktmotoren, das schließlich zum Antriebsaggregat des späteren Trabant führte.

Mit all den Informationen und Materialien dieser Zeitzeugen war es unausweichlich, die ganze Trabant-Story in das geplante Buch zu packen. Dazu verbrachte ich schließlich noch mehrere Tage im sächsischen Staatsarchiv in Chemnitz und kämpfte mich durch meterhohe Aktenstapel. Man darf nicht vergessen: Zu dieser Zeit war noch kaum jemand an der Aufarbeitung der Kraftfahrzeuggeschichte der DDR interessiert. Es gab bis auf die einschlägigen DDR-Zeitschriften, deren offiziell genehmigte Inhalte kaum Hintergrundinformationen preisgaben, keine offizielle Literatur, die man für Recherchezwecke heranziehen konnte. Das Internet steckte in den Kinderschuhen, Wikipedia war noch nicht einmal geboren.
Es war also echte Pionierarbeit, und 1996 war das Manuskript schließlich fertig im IBM PC abgelegt und auf einer Floppy Disk gesichert.

Es wollte sich aber kein Verlag finden, der das Buch auf den Markt brachte. Verlage, die sich mit dieser Art Literatur beschäftigten, wähnte ich ausschließlich im Westen. Und von dort hagelte es eine Absage nach der anderen. Zu dieser Zeit konnte man sich nicht vorstellen, dass sich jemals jemand für die in der DDR gebauten Fahrzeuge – allen voran den Trabant – interessieren könnte. Unter Vermittlung meines Freundes Siegfried Rauch, der die Veröffentlichung dann leider nicht mehr erlebte, war ein noch junger, weitsichtiger Lektor bereit, das Risiko auf sich zu nehmen. Joachim Kuch vom Motorbuch Verlag in Stuttgart brauchte das nicht zu bereuen: Zum Ende der 90er Jahre hin brach der Trabi-Boom aus und das Buch wurde zum vielgelobten Bestseller. In seiner dritten, überarbeiteten und neu zusammengestellten Ausgabe wählte es der ADAC 2011 sogar zum Motorbuch des Jahres.

Seither ist schon wieder viel passiert. Das ganz große Interesse am Trabant hatte ein wenig nachgelassen, aber die vor einigen Jahren einsetzende große Nachfrage nach DDR-Fahrzeugen, die sogar den Preis für einen MAW-Hilfsmotor in astronomische Höhen trieb, riss auch den Zwickauer Kleinwagen aus seinem Tief heraus. Die Zulassungszahlen steigen wieder, und es scheint an der Zeit, dem auch mit einem großen, aktualisierten Trabant-Buch Rechnung zu tragen.

Frank Rönicke

Votex
0 Coupe GT 5E, Rundstrecke (1981)

Wie Zwickau eine Automobilstadt wurde

Zweifellos zählt August Horch (12.Oktober 1868 – 3.Februar 1951) heute neben Gottlieb Daimler und Carl Benz zu den Automobilpionieren schlechthin. Nachdem Horch im väterlichen Betrieb im Moseldorf Winningen das Schmiedehandwerk erlernt hatte, begann er nach Jahren der Wanderschaft im Herbst 1888 in Mittweida ein Ingenieursstudium. Nach dessen Abschluss arbeitete er unter anderem in der Konstruktionsabteilung der Rostocker Neptunwerft und wurde Betriebsleiter beim Leipziger Motorenhersteller Grob & Co. Ab Juni 1896 war er bei Benz in Mannheim tätig, wo er es ebenfalls bis zum Betriebsleiter brachte. Hier sammelte Horch wichtige Erfahrungen im Motorwagenbau, die er in seine erste eigene Firma, die am 15. Oktober 1899 in Köln-Ehrenfeld gegründete »A. Horch & Cie.«, einbrachte. Ein Jahr später hatte dort der erste Horch-Wagen Premiere. Im Frühjahr 1902 zog die Firma aus finanziellen Gründen nach Reichenbach im Vogtland um, und weitere zwei Jahre später landete sie schließlich in Zwickau.

August Horch (1868-1951) war Automobilpionier und Begründer des Fahrzeugbaus in Zwickau.

Die Horch-Wagen aus Zwickau

Hier, auf dem Gelände einer ehemaligen Spinnerei in der Crimmitschauer Straße, firmierten die Horch-Werke ab Mai 1904 unter »August Horch & Cie. Motorwagen-Werke AG«. Der endgültige Standort für eine jahrzehntelange Automobilproduktion, die unter dem Markennamen Horch zu Weltruhm gelangte, war gefunden. Rund 100 Mitarbeiter waren inzwischen für Horch tätig und die ersten Automobile mit Zwei- und Vierzylindermotoren rollten aus den Werkhallen. Etwa 50 waren es dann insgesamt noch im Jahre 1904 und weit über 100 jeweils in den Folgejahren.

Dieser bis 1905 gebaute Tonneau mit Zweizylinder-Viertaktmotor und 2,5 Liter Hubraum war das erste serienmäßig gefertigte Automobil in Zwickau.

August Horch selbst hatte allerdings nicht lange Freude am neuen Standort: Nach jahrelangen Querelen, unter anderem wegen seines zu laschen Führungsstils, zu großer Nähe zu den Mitarbeitern und zu kostspieligen Motorsportaktivitäten, wurde er, der Technische Direktor, vom Aufsichtsrat aus seiner ehemals eigenen Firma gedrängt, an der er längst keinen finanziellen Anteil und damit auch keine Machtbefugnisse mehr hatte. Dem Erfolg der Marke Horch tat dies keinen Abbruch. Die luxuriösen Automobile mit Vier- oder Sechszylindermotoren fanden vorerst weiterhin ihre Abnehmer im In- und Ausland.

Ein Tonneau 11/22 PS von 1906 auf einer Zeitschriftenwerbung der Zwickauer Horch-Werke.

Ein Horch-Speziallastwagen von 1912 auf einem 13/35-PS-Fahrgestell von 1911.

Horch 8 Typ 350 Sportcabriolet mit 4,0-Liter-Reihen-Achtzylinder von 1928. (Foto: © Audi AG)

1912 begann bei Horch auch die Fertigung von Lastwagen bis 3 t Nutzlast. Mit Motorleistungen von 20 bis 55 PS (alles Reihen-Vierzylinder-Ottomotoren) entstanden vor 1916 über 700 Fahrzeuge für die verschiedensten Verwendungszwecke. Klar, dass mit dem Beginn des Ersten Weltkrieges militärisch orientierte Aufbauten Vorrang hatten. Doch auch trieb- und fahrwerkseitig war man bei Horch für Kriegsaufträge bestens gerüstet. So trieb ein 80 PS leistender Reihen-Vierzylinder-Motor Artillerie-Zugmaschinen und sogenannte Kraftprotzen an, meist kettengetriebene Ungetüme, die als Zugmaschinen im Gelände dienten.

Die Horch-Werke im Kriegsjahr 1917. Mit diversen Aufträgen für das Militär kam Horch durch die schwierige und schlimme Zeit des Ersten Weltkriegs.

Nach dem Krieg erweiterte Horch die Angebotspalette, und die PKW- und Lieferwagen-Vielfalt auf PKW-Fahrgestellen kannte kaum noch Grenzen. Das breite Sortiment in der Fertigung, das natürlich auch kostenintensiv war, wurde von den führenden Horch-Leuten zunehmend abgelehnt. In der Konsequenz führte dies dazu, dass Horch als einziger deutscher Automobilhersteller ab 1928, dem Jahr, in dem die letzten Lastkraftwagen die Werkhallen verließen, nur noch einen einzigen PKW-Typ baute: den berühmten Horch 8. Der seidenweiche Reihen-Achtzylinder-Motor wurde zur Legende in der Geschichte des deutschen Automobilbaus.

Horch gleich Audi

1909 gründete August Horch eine neue Automobilfirma, die zunächst als »August Horch Automobilwerke GmbH« und ab 1910 unter der Marke »Audi Automobil-Werke GmbH, Zwickau i. S.« firmierte. In der deutschen Übersetzung bedeutete das lateinische Audi nichts anderes als Horch, und damit war dem Automobilkonstrukteur durchaus ein Coup gelungen, für den eines der heute führenden Automobilwerke auf ewig dankbar sein dürfte.

Horchs neue Firma siedelte sich ganz in der Nähe der alten an, auf dem Gelände einer stillgelegten Holzverarbeitungsfabrik. Mit 200 000 Mark Startkapital und wichtigen Mitarbeitern, die ihm in seine neue Firma gefolgt waren, brachte Horch noch 1910 mit dem Modell 10/22 PS Typ A den ersten Audi auf den Markt.

In rascher Folge erschienen Nachfolgetypen, allesamt von modernen Vierzylinder-Motoren angetrieben und in der oberen Mittelklasse angesiedelt. Auch leichte Lastwagen wurden in das Programm aufgenommen, das nie auch nur annähernd die Stückzahlen der Horch-Wagen erreichte. 1914 wurde Audi in eine Aktiengesellschaft umgewandelt und die Fertigung mit Granaten und Minenwerfern auf Kriegsproduktion umgestellt. Nach dem Ersten Weltkrieg zog sich August Horch mehr und

In den Werbeanzeigen seiner Marke Audi vergaß August Horch nie zu erwähnen, wer hier der Herr im Hause war.

mehr aus dem operativen Geschäft seiner Firma zurück.
Auf einer scheinbaren Erfolgswelle schwimmend, präsentierte Audi 1923 einen Sechszylinder-Luxuswagen. Der 18/79 PS Audi Typ M bestach durch hohe technische und materialmäßige Qualitäten. Audi wollte die Nr. 1 im Automobilbau werden, jedenfalls im Zwickauer, und positionierte ab 1924 eine »1« auf dem Kühler jedes Fahrzeugs. Die aber ihren Preis hatten, den immer weniger Menschen bezahlen konnten oder wollten. Audi rutschte mit dem Typ M in eine Krise, die Belegschaft schrumpfte von 873 (1924) auf 292 (1927) Beschäftigte und Ende 1927 schien ein Konkurs kaum noch abwendbar.

Audi Typ C 14/35 PS Phaeton von 1914. Der Viersitzer besaß einen Reihen-Vierzylindermotor mit 3560 cm³ Hubraum, der 35 PS bei 1800 U/min leistete.

Der Audi Typ M, hier als Pullman-Limousine mit 4,7-Liter-Reihen-Sechszylindermotor, der 70 PS leistete, wurde fast zum Sargdeckel der Audi AG in Zwickau. (Foto: © Audi AG)

Rasmussen steigt ein

1878 im dänischen Nakskov als Sohn eines Schiffseigners geboren, hatte Jørgen Skafte Rasmussen sich 1904 – nach Abschluss seines Studiums an den renommierten deutschen Ingenieurschulen in Mittweida und Zwickau – in Chemnitz niedergelassen und später in Zschopau mit den DKW-Werken ein Imperium gegründet, dem eine Vielzahl von Firmen, unter anderem die Framo-Werke in Hainichen, angehörten. 1928 baute DKW in Zschopau so viele Motorräder wie kein anderer Hersteller auf der Welt.

Im gleichen Jahr übernahm Rasmussen auf Drängen der Sächsischen Staatsbank die angeschlagenen Audi-Werke in Zwickau. Rasmussen versuchte, die Automobilfertigung bei Audi auf verschiedenen Wegen zu konsolidieren, unter anderem mit amerikanischen Sechs- und Achtzylinder-Motoren von Rickenbacker, deren Baurechte er zuvor erworben hatte und die nun die Audi-Typen »Dresden«, »Zwickau« und »Imperator« antrieben. Aber mitten in der Weltwirtschaftskrise verkauften sich die großen Wagen schlecht, und so waren 1931 gerade mal noch 140 Menschen bei Audi beschäftigt.

Rasmussen gab nun 1930 seinen Audi-Ingenieuren den Auftrag zur Entwicklung eines Kleinwagens, der der sich ständig verschlechternden Wirtschaftslage besser zu entsprechen schien als die großen Audi-Luxusmodelle. Für den Wagen, der nach Anlieferung des Motors aus Zschopau und der Karosse-

Der Audi »Imperator« 19/100 PS, hier in der Version als Phaeton, wurde von einem Reihen-Achtzylinder-Rickenbacker-Motor angetrieben, der 100 PS leistete. Der Wagen kostete 1931/32 rund 16 000 Reichsmark – exakt das Zehnfache eines DKW Front F 1.

rie aus Spandau im Audi-Werk montiert werden sollte, war ein wiederum wassergekühlter Zweizylinder-Zweitaktmotor zunächst mit 500, dann mit 600 cm³ vorgesehen, der mit Kupplung und Dreiganggetriebe samt Differential in einem Block im Wagenbug platziert, die Vorderräder antreiben sollte (Frontantrieb). Die Versuchswagen liefen überraschend gut, so dass schon 1931 mit der Serienfertigung des Typ F 1 begonnen werden konnte. Der Erfolg des schnittigen kleinen Wagens, der zunächst als zweisitziger Roadster mit Notsitz vorgestellt wurde, war bei den Kaufinteressenten und der Fachpresse durchschlagend. Jetzt endlich ging es wieder aufwärts mit der Automobilfertigung in Zwickau, zumindest, was das Werk Audi betraf.

Die Audi-Werke in Zwickau im Jahre 1931, just dem Jahr, in dem hier die Montage der DKW-Frontwagen begann.

Jørgen Skafte Rasmussen (1878-1964) übernahm 1928 die angeschlagenen Audi-Werke und begründete mit seinen DKW-Frontwagen die Großserienproduktion von Automobilen in Zwickau.

Den DKW Front Typ F 1 gab es zwar hauptsächlich als zweisitzige Cabrio-Limousine mit Notsitz, aber auch einige Roadster-Varianten wurden hergestellt.

Die Auto Union

Bei Horch sah es Ende der 1920er Jahre nicht anders aus als im Audi-Werk. Die großen Luxuslimousinen ließen sich nicht mehr absetzen, zudem waren die Produktionsanlagen zunehmend verschlissen, der Investitionsbedarf enorm.
Auch bei den Wanderer-Werken in Chemnitz sah es nicht besser aus; hier hatte man inzwischen die Motorradfertigung komplett nach Prag (Jawa) abgegeben.
Um nun die Kraftfahrzeugproduktion im westsächsischen Raum auf einigermaßen stabile Räder zu stellen, initiierte die Sächsische Staatsbank 1932 den Zusammenschluss der beiden Zwickauer Firmen Audi und Horch, der Wanderer-Automobilabteilung und der Firma DKW zur Auto Union AG mit Sitz in Chemnitz. Deren Markenzeichen, die vier ineinander verschlungenen Ringe, sind heute noch an jedem Audi zu finden. Mit dem frischen Geld der Staatsbank, die fortan das Sagen in diesem Konglomerat hatte (Rasmussen erging es ähnlich wie seinerzeit Horch, er musste 1934 die Auto Union verlassen), und dem schuldenfinanzierten Wirtschaftsaufschwung unter der Naziherrschaft gelangten Audi und Horch bald wieder zu alter Blüte. Wobei Audi mit dem Modell Audi Front, das wesentliche Baugruppen der Wanderer-Wagen übernommen hatte, einen erfolgreichen Mittelklasse-Wagen im Programm hielt, während die Horchmodelle im Premiumsegment mit Mercedes Benz und Maybach konkurrierten.
Richtig Stückzahlen brachten aber erst die weiterhin im Zwickauer Audi-Werk gefertigten DKW-Front-Wagen mit Zweizylinder-Zweitaktmotor. Bis 1940 (Typ F 8) wurden die Kleinwagen weiterentwickelt und in zahlreichen Varianten zu Tausenden verkauft.

Die vier ineinander verschlungenen Ringe standen für die vier in der Auto Union aufgegangenen Marken Audi, DKW, Horch und Wanderer.

Mit den Audi-Front-Typen hatte die Marke Mitte der 1930er Jahre ihre Nische gefunden. Im Bild der Typ UW als Cabriolet mit einem Sechszylinder-Motor, der aus zwei Litern Hubraum 40 PS mobilisierte. (Foto: © Audi AG)

Mit diesem Horch 853 Sport-Cabriolet mit 5-Liter-Achtzylinder-Motor mischte die Zwickauer Nobelfirma in den 1930er Jahren in der deutschen Oberklasse ganz vorne mit. (Foto: © Audi AG)

■ *Der bis 1942 in verschiedenen Karosserievarianten gebaute Typ F 8 war die letzte Serienausführung der DKW-Frontwagen. Insgesamt waren vom F 1 bis zum F 8 rund 268 000 Fahrzeuge entstanden.*

Die geplante Erstvorstellung des 900er Dreizylinderwagens F 9 anlässlich der Berliner Automobilausstellung 1940 fiel freilich aus – inzwischen hatte der Zweite Weltkrieg begonnen. Trotzdem liefen bei Kriegsbeginn und während der nächsten Jahre mehrere Versuchswagen mit dem 900 cm³ großen Dreizylindermotor im Streckenversuch. 12 Versuchs- und Vorserienwagen waren mit verschiedenen Karosserievarianten gebaut worden. 1942 wurden die Arbeiten am F 9 kriegsbedingt eingestellt. Viel blieb von diesen Fahrzeugen, die nach dem Krieg von Besatzungsangehörigen zu Schrott gefahren wurden, nicht übrig.

Der DKW F 9

Bei der Automobilausstellung 1940 sollte ein ganz neues und dann auch einziges DKW-Automobilmodell der Auto Union präsentiert werden; als F 9 sollte es die F-8-Modelle ablösen. Traditionsgemäß war wieder ein Zweitaktmotor (mit Umkehrspülung) geplant, jetzt mit drei Zylindern und 28 PS bei 3600 U/min. Das Ganze saß im Block mit einem synchronisierten Vierganggetriebe und abschaltbarem Freilauf hinter der Vorderachse. Es blieb also – für einen DKW selbstverständlich – beim Frontantrieb. Die kunstlederbespannte Sperrholzkarosserie sollte einem Ganzstahlaufbau weichen und von einem Kastenprofilrahmen getragen werden. Verantwortliche für die Entwicklung im Zentralen Konstruktionsbüro (ZKB) der Auto Union in Chemnitz waren unter anderem der Konstrukteur Oskar Siebler und Dipl.-Ing. Hans Müller (später als Müller-Andernach bekannt).

■ *Ein F-9-Versuchswagen mit geschwärzten Scheinwerfern und Tarnbeleuchtung 1941 in Berlin.*

LDS 04562

Audi und Horch nach 1945

Wie es um den Fahrzeugbau im Allgemeinen und die PKW-Produktion in den ehemaligen Werken der Auto Union im Besonderen dann nach 1945 bestellt war, ist in der einschlägigen Literatur schon sehr ausführlich beschrieben worden. Trotzdem muss an dieser Stelle noch einmal näher darauf eingegangen werden.

In Ostdeutschland ging das Verlieren nach dem Krieg weiter. Die Sowjets transportierten alles ab, was ihnen irgendwie für den Aufbau der eigenen Industrie interessant erschien. Ganze Montagehallen, soweit sie von alliierten Bombern verschont geblieben waren, wurden demontiert und gleich zusammen mit deutschen Fachleuten auf teilweise endlosen Irrfahrten in Stalins Reich gebracht, wo sie letztlich nicht selten irgendwo verrotteten. So manch einer der besten Männer leider auch. Und die, die wiederkamen, schlossen sich oft den Karawanen der in den Westen ziehenden Bürger an. Die sowjetische Besatzungszone blutete aus, in jeder Beziehung.

Die Werke der Auto Union blieben von den Reparationsmaßnahmen nicht verschont. Als Produzenten von Rüstungsgütern wurde ihnen sogar eine besondere Aufmerksamkeit zuteil. Die Werksanlagen wurden bis auf den letzten Lichtschalter demontiert und entgingen letztlich nur knapp der Sprengung.

Das Werk Audi

Die Werke der ehemaligen Auto Union bildeten nach dem Krieg die Basis für den volkseigenen Fahrzeugbau, der sich Ende 1947 in der Industrie-Verwaltung (IV) 19 und ab dem 1. Juli 1948 in der IFA Vereinigung Volkseigener Fahrzeugwerke wiederfand.

Schon 1947 hatten die sowjetischen Besatzer die Erlaubnis zur Montage einiger DKW F 8 im Audi-Werk erteilt, die aus Vorkriegsteilen montiert und unter anderem auf der Leipziger Frühjahrsmesse 1948 gezeigt wurden. Die Karosseriekörper der DKW-Limousinen waren vor dem Krieg im Spandauer DKW-Werk gebaut worden, das jetzt in Westberlin lag. Also mussten die aufwendigen Karosserien nun nach Wiederanlauf der F-8-Fertigung im Karosseriewerk Dresden, vormals Gläser, hergestellt werden. Obwohl man bei Gläser, dem Spezialisten für schöne Cabrio-Aufbauten aus Stahlblech, kaum Erfahrung mit der mit Kunstleder bespannten Karosserie hatte, waren die Anlaufschwierigkeiten recht schnell behoben, und die Qualität der Limousinen-Aufbauten stand der aus Berlin in nichts nach. Die Motoren kamen jetzt aus dem Chemnitzer Motorenwerk, das von der Auto Union noch vor dem Krieg als solches konzipiert worden war.

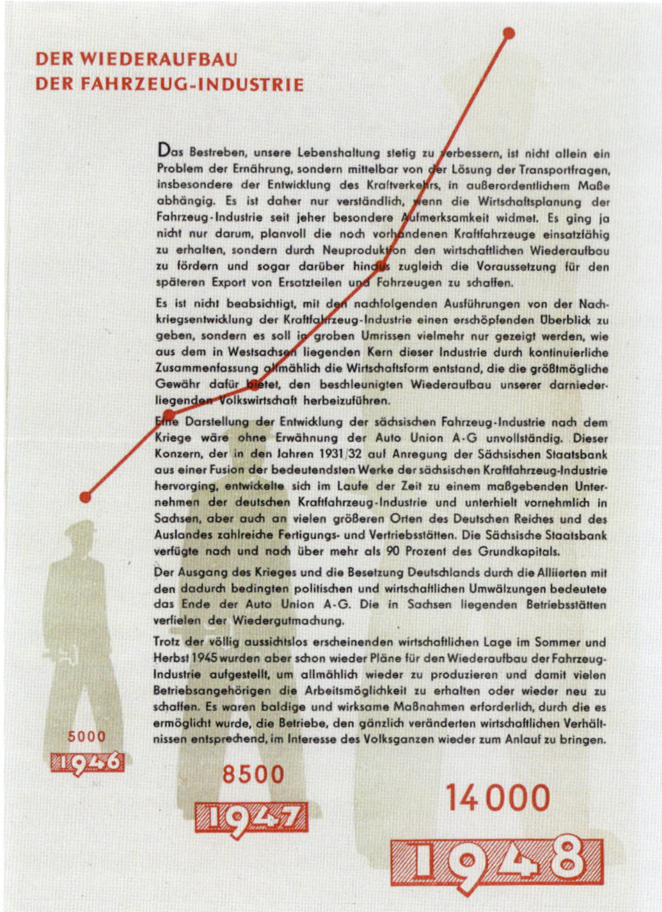

DER WIEDERAUFBAU DER FAHRZEUG-INDUSTRIE

Das Bestreben, unsere Lebenshaltung stetig zu verbessern, ist nicht allein ein Problem der Ernährung, sondern mittelbar von der Lösung der Transportfragen, insbesondere der Entwicklung des Kraftverkehrs, in außerordentlichem Maße abhängig. Es ist daher nur verständlich, wenn die Wirtschaftsplanung der Fahrzeug-Industrie seit jeher besondere Aufmerksamkeit widmet. Es ging ja nicht nur darum, planvoll die noch vorhandenen Kraftfahrzeuge einsatzfähig zu erhalten, sondern durch Neuproduktion den wirtschaftlichen Wiederaufbau zu fördern und sogar darüber hinaus zugleich die Voraussetzung für den späteren Export von Ersatzteilen und Fahrzeugen zu schaffen.

Es ist nicht beabsichtigt, mit den nachfolgenden Ausführungen von der Nachkriegsentwicklung der Kraftfahrzeug-Industrie einen erschöpfenden Überblick zu geben, sondern es soll in groben Umrissen vielmehr nur gezeigt werden, wie aus dem in Westsachsen liegenden Kern dieser Industrie durch kontinuierliche Zusammenfassung allmählich die Wirtschaftsform entstand, die die größtmögliche Gewähr dafür bietet, den beschleunigten Wiederaufbau unserer darniederliegenden Volkswirtschaft herbeizuführen.

Eine Darstellung der Entwicklung der sächsischen Fahrzeug-Industrie nach dem Kriege wäre ohne Erwähnung der Auto Union A-G unvollständig. Dieser Konzern, der in den Jahren 1931/32 auf Anregung der Sächsischen Staatsbank aus einer Fusion der bedeutendsten Werke der sächsischen Kraftfahrzeug-Industrie hervorging, entwickelte sich im Laufe der Zeit zu einem maßgebenden Unternehmen der deutschen Kraftfahrzeug-Industrie und unterhielt vornehmlich in Sachsen, aber auch an vielen größeren Orten des Deutschen Reiches und des Auslandes zahlreiche Fertigungs- und Vertriebsstätten. Die Sächsische Staatsbank verfügte nach und nach über mehr als 90 Prozent des Grundkapitals.

Der Ausgang des Krieges und die Besetzung Deutschlands durch die Alliierten mit den dadurch bedingten politischen und wirtschaftlichen Umwälzungen bedeutete das Ende der Auto Union A-G. Die in Sachsen liegenden Betriebsstätten verfielen der Wiedergutmachung.

Trotz der völlig aussichtslos erscheinenden wirtschaftlichen Lage im Sommer und Herbst 1945 wurden aber schon wieder Pläne für den Wiederaufbau der Fahrzeug-Industrie aufgestellt, um allmählich wieder zu produzieren und damit vielen Betriebsangehörigen die Arbeitsmöglichkeit zu erhalten oder wieder neu zu schaffen. Es waren baldige und wirksame Maßnahmen erforderlich, durch die es ermöglicht wurde, die Betriebe, den gänzlich veränderten wirtschaftlichen Verhältnissen entsprechend, im Interesse des Volksganzen wieder zum Anlauf zu bringen.

5000
1946
8500
1947
14000
1948

Die Fahrzeugindustrie hatte es in der Sowjetischen Besatzungszone ungleich schwerer als die Hersteller in den Westzonen. Bei den bis 1948 gefertigten Fahrzeugen dürfte es sich nicht ausschließlich um neue Kraftfahrzeuge gehandelt haben.

Das frühere DKW F-8-Programm wurde erheblich ausgedünnt, es gab nun lediglich die Meisterklasse-Varianten Limousine und Cabrio-Limousine; erst später kamen Vollcabriolets und Pritschen- bzw. Lieferwagen dazu. Glichen die ersten Fahrzeuge noch original den Vorkriegsmodellen (inklusive aller DKW-Embleme), flossen schon ab Ende 1949 erste Änderungen ein.

Auch der DKW F 9 kam wieder auf die Tagesordnung. Anlässlich der Leipziger Frühjahrsmesse 1948 wurde er als DKW-IFA F 9 und zugleich als Repräsentationsstück der volkseigenen Industrie gezeigt, war aber in Wirklichkeit ein restaurierter Vorserienwagen von 1940. Weitere Fahrzeuge entstanden noch 1948 in mühsamer Einzelfertigung aus vorhandenen DKW-

■ *Im Werk Audi wurde ab 1949 wieder der DKW F 8 gefertigt. Zunächst nur in den Versionen Limousine und Cabrio-Limousine mit 700-cm^3-Zweizylinder-Zweitaktmotor.*

Restteilen. Nachdem die Zeichnungssätze von den Konstrukteuren Walter Haustein und Albert Locke wieder komplettiert worden waren, entstanden 1949 weitere sechs Neufahrzeuge in Handarbeit (trotzdem sprach man offiziell vom Beginn der Serienproduktion!), die gegenüber den vorherigen Prototypen einige zum Teil wichtige Änderungen aufwiesen. Das erste Exemplar ging als Geschenk an Minister Fritz Selbmann in Berlin – als Zeichen der Dankbarkeit für Selbmanns erfolgreiche Bemühungen, die ursprüngliche Sprengentscheidung für das Zwickauer Werk rückgängig zu machen.

■ *Neben dem F 8 begann im Werk Audi ab 1950 auch eine bescheidene Serienproduktion des vor dem Zweiten Weltkrieg entwickelten DKW F 9 mit Dreizylinder-Zweitaktmotor.*

Nachdem die Werke Audi und Horch ganz langsam wieder mit Werkzeugmaschinen, Pressen usw. bestückt werden konnten, war dann ab 1950 so etwas wie eine Kleinserienfertigung (nicht zuletzt wegen ständig fehlendem Karosserie-Tiefziehblech) möglich. 260 F 9 entstanden noch in diesem Jahr, 701 Stück 1951. Die F-9-Fertigung teilten sich die Firmen Horch (Karosseriebau), Motorenwerk Chemnitz und Audi (Fahrwerk und Endmontage), selbstverständlich inzwischen alles VEB-Betriebe. Ab Oktober 1950 änderte sich die Typenbezeichnung von DKW-IFA F 9 in IFA F 9. Die Stückzahlen blieben für den F 9 in Zwickau stets gering.

■ *Auf der Leipziger Messe 1951 bestaunte das Publikum die ausgestellten IFA-F-9-Wagen. Sofern es sie überhaupt zu kaufen gab, konnte sich kaum jemand diesen Luxus leisten.*

Größtes Problem für den Neuaufbau der Fahrzeugindustrie im Osten war die deutsche Teilung, die die Wirtschaft von wichtigen Rohstoff- und Zubehörlieferanten abschnitt. Und nach Hitlers heißem Krieg folgte der Kalte, der die neuen Grenzen noch fester zurrte. Vor allem die Stahlindustrie, der Steinkohlebergbau und der Werkzeugmaschinenbau lagen fast komplett in den Westgebieten. Dort kam man mit den nötigen Dollarinjektionen rasch wieder auf die Füße. Im Osten gab es weder Dollar- noch Rubelbeistand, es gab kaum Bodenschätze, und mit der Durchsetzung fragwürdiger Enteignungsprogramme sorgten die ostdeutschen Stalinisten noch für eine weitere Destabilisierung ihrer Wirtschaft.

Erstaunlich, was die vielen im Osten verbliebenen und noch an eine bessere Zukunft glaubenden Frauen und Männer dann in den fünfziger Jahren aus dem Nichts und beinahe ohne fremde Hilfe aus dem Boden stampften. Da gab es echte Pionierleistungen, die heute, abzüglich aller kommunistischen Propaganda, durchaus zu würdigen sind.

Das Werk Horch

Von alliierten Luftangriffen nicht übermäßig zerstört, begann nach der Machtübernahme in Zwickau durch die Sowjets am 1. Juli 1945 unverzüglich die Demontage des Horch-Werkes. Von August 1945 bis März 1946 verließen fast 4000 Werkzeugmaschinen die Werke der Auto Union gen Russland.

Im Februar 1947 kam von der SMAD-Zentrale (Sowjetische Militäradministration in Deutschland) aus Berlin-Karlshorst überraschend der Auftrag zum Bau von zunächst maximal 300 LKW mit einer Nutzlast von 3 t, die ausschließlich für sowjetische Behörden in Deutschland bestimmt waren. Allerdings war man auch 1947 noch längst nicht in der Lage, alle notwendigen Teile zum Bau eines LKW zu fertigen oder von ostdeutschen Zulieferern zu beziehen.

Die Horchwerker förderten eine nicht unbeträchtliche Zahl an Maybach-Panzermotoren vom Typ HL 42 samt einigen Getrieben und Achsen zu Tage. Der Gedanke kam auf, diese Teile in den fertig konstruierten, vergrößerten, während des Krieges im Wanderer-Werk entwickelten Auto Union LKW 1500 zu implantieren. Die Techniker gingen ans Werk. Der neue Horch-LKW sah der alten Wanderer-Konstruktion zwar noch sehr ähnlich, war aber insgesamt größer geworden. Die äußere Kühlerverkleidung war den letzten Horch-PKW nachempfunden und zeigte stolz das gekrönte »H« in seiner Spitze. Zusammen mit der 3 für die Nutzlast ergab sich die einfache Bezeichnung »H 3« für den ersten Nachkriegs-LKW auf dem Gebiet der späteren DDR.

Noch im selben Jahr, 1947, stellte Horch unter abenteuerlichsten Bedingungen weitere 191 Fahrzeuge auf die Räder. Nach dem Verarbeiten aller vorhandenen Antriebs- und Getriebeteile musste auf eigene Entwicklungen, die nur langsam in eine Fertigung überführt werden konnten, zurückgegriffen werden. Gingen im ersten Jahr noch alle Pritschen-LKW an sowjetische Dienststellen, durften 1948 auch einige Fahrzeuge an die ostdeutsche Landwirtschaft ausgeliefert werden.

Im Jahr darauf – alle noch vorhandenen Wehrmachtsmotoren waren verwertet – lief nach 852 produzierten Lastkraftwagen die Fertigung des H 3 aus.

Der während des Krieges in den Wanderer-Werken entwickelte AU 1500 bildete die konstruktive Grundlage für den ersten Zwickauer Nachkriegs-LKW.

Die Ähnlichkeit mit dem AU 1500 ist unverkennbar: Das erste neue Fahrzeug der Horch-Werke nach dem Zweiten Weltkrieg, der LKW H 3.

In einer Phase in der die Zukunft des Horch-Werkes im Ungewissen lag, erhielt dieses von der IFA-Vereinigung den Auftrag zur Montage eines Ackerschleppers. Es handelte sich um den Typ RS 01/40 »Pionier« (zunächst aber nur »IFA-Schlepper 40 PS« genannt), eine Vorkriegsentwicklung des Breslauer FAMO-Werkes, die in Schönebeck wieder aufgenommen worden war. Von dort wurden dem Horch-Werk auch diverse Bauteile zugeliefert, und am 21. Mai 1949 begann, stockend zunächst, die Serienfertigung des Traktors. Nach anfänglich 15 Schleppern schafften die Horch-Werker bald 35 Stück pro Tag; bis Oktober 1950, dem letzten Fertigungsmonat, waren es dann insgesamt 2605 Fahrzeuge.

Die im Werk Horch entstandenen Traktoren vom Typ RS 01/40 »Pionier« waren unter anderem am Lampenträger zu erkennen, der später in der Nordhäuser Produktion entfiel.

Der H 3A war die erste, durchaus gelungene Neukonstruktion des Horch-Werkes nach 1945. Die Nutzlast wurde später auf 3,5 t erhöht.

Wer A sagt, muss auch B sagen: Der Reisebus H 3B, der auf einem gekröpften Tiefrahmen saß, war eine der vielen Abwandlungen des Zwickauer LKWs.

Der Entwicklungsbeginn für den H-3-Nachfolger wird heute offiziell mit März 1948 angegeben. Bereits ein Jahr später erschien das fertige Fahrzeug im großen IFA-Gesamtprospekt anlässlich der Leipziger Frühjahrsmesse 1949. Im Oktober 1950 war es dann so weit: der zunächst nur in »Standardbauweise« (offene Pritsche) gebaute H 3A konnte endlich in Serie gehen und rollte bis zum Jahresende noch in 150 Einheiten vom Band. Von der moderneren Frontlenkerbauweise waren die Konstrukteure zu Gunsten einer einfacheren Bauweise, die eine schnellere Produktionsumsetzung versprach, wieder abgerückt und zum klassischen Hauben-LKW zurückgekehrt. Insgesamt war der H 3A technisch ein gelungener Wurf; seine Konstrukteure hatten aber auch viel Wert auf Robustheit und Servicefreundlichkeit gelegt.

Der eine halbe Tonne wiegende Vierzylinder-Viertakt-Dieselmotor, der nach dem Wirbelkammerprinzip arbeitete, holte aus 6 l Hubraum bei 2000 Umdrehungen 80 PS. Der Motor mit der Bezeichnung EM 4 entstammte einer Baukastenreihe, zu denen noch die Motoren EM 2 und EM 6 gehörten, allesamt bei Horch gefertigt. Die Basisentwicklung dieser Motorenreihe stammte allerdings noch von Vomag in Plauen.

Im Fahrerhaus hatten drei Personen gut Platz, wobei die leicht gepolsterte Holzpritsche mit Bequemlichkeit geizte.

Der neue H 3A wurde zunächst ausschließlich als Standardmodell mit Pritsche und bald darauf auch mit geschlossener Plane gebaut. Aber seine Schöpfer hatten den Horch-LKW auf Vielseitigkeit ausgelegt, was die insgesamt 26 Varianten belegten, die bis 1958 in den Verkaufsprogrammen erschienen.

Neuer Karosseriewerkstoff gesucht

Schon bei der Auto Union in Chemnitz hatte man vor dem Krieg mit verschiedenen Kunststoff-Zusammensetzungen als Ersatz für Stahlblech experimentiert. Dabei ging es von Anfang an um eine kostengünstigere Produktion, verbunden mit der Ablösung der Holzkarosserien der DKW-Frontwagen.

■ *In der gleichen Versuchsreihe wurde auch eine DKW-Limousine in Standardausführung mit der mit Kunstleder bezogenen Holzkarosserie getestet.*

Der »Auto-Union-Pressstoff«

Bereits Ende 1935 begann die Auto Union erste Versuche mit dem intern »Schichtstoff« genannten Material zu starten. Grundsubstanz waren immer Pressstoffe mit Phenolharzen, die auf das 1905 erfundene Bakelit zurückgingen. Dieser aus Phenol und Formaldehyd gebildete erste vollsynthetische Kunststoff wurde mit Hartpapier oder anderen Füllstoffen wie Holzmehl, Asbest oder Textilfasern verpresst und seit längerem im Fahrzeugbau z. B. für Schalter oder Steuerräder verwendet. DKW benutzte ab 1934 mit Erscheinen des F 4 Armaturenbretter aus diesem Material. Das war nun auch der Stoff, aus dem 1936 die ersten Frontwagentüren gepresst wurden. Die Türen wurden an Versuchswagen montiert und erwiesen sich im normalen Fahrbetrieb als zuverlässig. Allerdings ließen die Festigkeiten bei Extrembelastungen (Unfällen) zu wünschen übrig.

Im Juli 1937 lieferte Dynamit Nobel aus Troisdorf Pressteile für drei komplette Karosserien, die nach erfolgter Montage ab September unter schwersten Bedingungen im Einsatz waren. Es stellte sich jedoch schnell heraus, dass dieses Material noch nicht serientauglich war.

Es musste also verbessert werden – und wurde fortan in Chemnitz als »Auto-Union-Pressstoff« bezeichnet. Statt Papier wurden jetzt 40 % Phenol mit 60 % Natronzellulose verpresst. Der Anteil an Formaldehyd, der zusammen mit Phenol erst das eigentliche Kunstharz ergibt, konnte geringgehalten werden. Nun hatte man endlich ein Material, das auch im Unfallver-

■ *Auf dem Gelände der ZVA wurde eine Reihe von Aufpralltests, so genannte »Katapultversuche«, gemacht. Damit war die Auto Union eine der ersten Automobilfirmen, die systematisch Sicherheitsversuche durchführte. Im Bild ein DKW F 7 mit Kunststoffkarosserie.*

■ *Um auch das Verhalten einer Stahlblechkarosserie analysieren zu können, wählte man einen Opel Kadett als Versuchsobjekt. Er galt damals als der schärfste Konkurrent zum DKW.*

halten wesentlich besser abschnitt. Insgesamt vier neue DKW F 7 wurden aus dem neuen Pressstoff hergestellt und ab 31. August 1938 ausgiebig mit Überschlags- und Katapultversuchen getestet. Aber die Ergebnisse blieben - auch später mit einem Kunststoff-F-8 - unbefriedigend. Bei letzten Tests im September 1941 erreichte man endlich zufrieden stellende Ergebnisse, der Serienanlauf hätte nun vorbereitet werden können, aber man befand sich längst in einem Krieg, in dem die Zahl der Siegesmeldungen ihren Höhepunkt überschritten hatte ...

■ *Überschlagsversuch mit einem kunststoffbeplankten DKW F 7 am 29. Oktober 1938 auf dem Reiherberg bei Potsdam.*

■ *Zwei Türen aus »Pete«-Pressstoff links, daneben der millionenfach hergestellte Duroplast-Kotflügel des Trabant.*

Auf der letzten »Gross-Sitzung« (in Deutschland war inzwischen alles »Gross« geworden) der Auto Union am 17. Februar 1944, die sich ausschließlich mit der Entwicklung der Kunststoffe befasste, wurde festgestellt, dass bei der geplanten Produktion von 200 000 DKW-Karosserien jährlich ca. 20 Großpressen zur Verfügung stehen müssten, wenn man auf Kunststoff setzte.

Bis zum 15. März 1944 hielt die Auto Union nun 67 deutsche und 241 ausländische Schutzrechte in Verbindung mit der Kunststoffkarosserie oder deren Teilen. Allerdings sah die Zukunft am 8. Mai 1945 ganz anders aus als noch am 31. März. 1944, dem Tag, an dem die Akte Kunststoffentwicklung bei der Auto Union ihren letzten Eintrag erhielt.

Neustart 1951

1951, als alles noch ziemlich brach lag und die Zwickauer Autobauer im Werk Audi um ihre bescheidene Tagesproduktion kämpften, bildeten fehlende Karosserieblechteile das Hauptproblem. Feinblech war knapp, musste importiert werden und stand zudem auf einer Embargo-Liste des Westens. Halbfertige F-8-Wagen mussten zur Seite geschoben werden, sie blockierten den Produktionsfluss. Die ausbleibenden Lieferungen störten den gesamten betrieblichen Ablauf, der sich ständig der jeweiligen Materialsituation anpassen musste. Von Effektivität konnte keine Rede sein. In Zwickau standen die PKW-Bauer sowieso hinten an, zuerst wurde das Werk Horch beliefert, das Traktoren und LKW baute, die für die Wirtschaft dringend notwendig waren. PKW spielten auch eine wichtige Rolle, allerdings mehr eine politische. Man musste der schnell wach-

■ *Auch bei der neuen Auto Union in Ingolstadt wurde weiter mit Kunststoffkarosserien experimentiert. Der Prototyp STM II entstand 1953.*

senden Automobilindustrie der anderen deutschen Republik schließlich etwas entgegensetzen und den Export ankurbeln. Also was tun? Kunststoffe kamen wieder ins Gespräch. Man schielte hinüber zu ausländischen Automobilfirmen und deren Kunststoffversuchen. Diese basierten auf dem hauptsächlich in England entwickelten Polyesterharz. Auch in Ingolstadt, wo inzwischen die Auto-Union GmbH gegründet worden war, versuchten sich einige an diesem Material. Davon hatte man in Zwickau bzw. Chemnitz Wind bekommen (die Verbindungen zu einzelnen früheren Mitarbeitern waren noch nicht ganz abgerissen) und schickte flugs Oberingenieur Siegfried Rauch, der inzwischen Technischer Leiter des Forschungs- und Entwicklungswerkes der IFA in Chemnitz geworden war, mit seinem Mitarbeiter Ladewig nach Ingolstadt. Die beiden hatten den Auftrag, jeglichen Direktkontakt mit der Auto-Union zu vermeiden, und trafen sich mit einem unabhängig von DKW arbeitenden Kunststoffexperten. Allerdings zog man ohne wesentliche Erkenntnisse wieder ab, denn auch in Ingolstadt stand man noch ganz am Anfang. Eines war allerdings klar: Polyesterharz würde für die Zwickauer kaum in Frage kommen, denn es hätte zu dieser Zeit noch importiert werden müssen und war mit elf Westmark pro Kilogramm für ostdeutsche Verhältnisse unbezahlbar. Im Übrigen sprach die lange Aushärtezeit dieses Materials schon damals gegen eine Serienproduktion.

Natürlich erinnerte man sich auch der Versuche der Auto Union. Aber darüber weiter nachzudenken lohnte nicht; wo sollten die Pressen hergenommen werden, um die ungeheuren Drücke (bis zu 10 000 Tonnen bei großen Pressteilen) zu erzeugen, die für jene Pressmassen notwendig waren? Phenolharz konnte auch bei weitem nicht in den notwendigen Mengen zur Verfügung gestellt werden. Diese Entwicklung weiter zu verfolgen war schließlich nicht zuletzt deshalb zwecklos, weil die Experten der Dynamit Nobel AG, wie die Firma inzwischen hieß, im westlichen Troisdorf saßen.

Überhaupt, die Experten! Bei den Zwickauer Automobilbauern gab es niemanden, der sich auch nur entfernt mit Kunststoffchemie auskannte. So suchte man nach Partnern in der chemischen Industrie – vergebens, die hatten mit ihren eigenen Sorgen genug zu schaffen, kamen selbst nur mühsam auf die Beine. Und so recht glaubte da auch keiner an die Zukunft der Kunststoffkarosserie.

Es blieb letztlich nichts weiter übrig, als die Sache selbst in die Hand zu nehmen. So gründete Kurt Lang, »Generaldirektor

Oberingenieur Kurt Lang wurde 1949 IFA-Chef und füllte diese Position mit unterschiedlichen Dienstbezeichnungen insgesamt 15 Jahre lang aus. Allerdings mit zeitlichen Unterbrechungen, denn Lang war nicht Liebediener der DDR-Parteiführung und fiel zuweilen in Ungnade. Er veranlasste den Neubeginn der Entwicklung der kunststoffverkleideten Karosserie und setzte sie schließlich gegen erheblichen Widerstand durch.

Wolfgang Barthel kann als der »Pressstoffmann« bezeichnet werden. Der Ingenieur für Maschinenbau war Hauptakteur auf allen Entwicklungsstufen der Kunststoffproduktion. Mit seiner Kompetenz und Beliebtheit schaffte er es, bis zu seiner Pensionierung 1986 parteilos Leiter der Entwicklungsstelle Pressstoff des späteren Sachsenringwerks zu bleiben.

Auch Alfred Schädlich gehörte zum Pressstoff-Team der ersten Stunde; er war später für die Presswerkzeuge der Serienteile verantwortlich.

Automobilbau«, Anfang März 1951 das »Kollektiv Pressstoffkarosserie«, dem neben ihm noch Ing. Wolfgang Barthel, Versuchsingenieur im FEW Chemnitz, Erich Klauß, Abteilungsleiter im Werk Audi für Karosseriebau, sowie Alfred Schädlich vom Audi-Werkzeugbau als wichtigste Personen angehörten. Während Lang mit seinem besonderen Draht nach Berlin, so manchen Knüppel aus dem Weg räumte, war Barthel der »Chemiker« und zuständig für die Pressstoff-Entwicklung. Klauß war anfangs für die Werkzeugerstellung zuständig und wurde später Leiter der Pressstofffertigung. Schädlich übernahm dann die Werkzeugentwicklung für die Serienproduktion der Pressteile.
Die jungen Ingenieure hatten alle eines gemeinsam: Sie waren Plastik-Nobodys, die ihr Nichtwissen mit Enthusiasmus und Optimismus wettzumachen suchten. Ein Vorgang, wie es ihn vielleicht nur in der frühen DDR-Zeit geben konnte.

An die nun durchzuführende Pressstoffentwicklung waren folgende Anforderungen geknüpft:

1. Die erforderlichen Rohstoffe mussten im eigenen Land vorhanden oder preisgünstig beschaffbar sein.
2. Die für die Herstellung notwendigen Maschinen und Vorrichtungen mussten in der DDR mit eigenen Kräften zu entwickeln oder im Produktionssortiment des Landes vorhanden sein.
3. Die Verpressung der Teile sollte mit Rücksicht auf die Pressenkosten bei wesentlich geringeren Drücken möglich werden als bis dahin bei Pressmassen üblich.
4. Die herzustellenden Teile mussten sich nach noch zu entwickelnden Verfahren mit dem Karosseriegerippe verbinden lassen.
5. Das Verfahren musste die Produktion höherer Serienstückzahlen ermöglichen und sollte daher weitgehend mechanisierbar sein.
6. Die Witterungsbeständigkeit von Stahlblech war zu übertreffen.
7. Es musste eine Massesenkung gegenüber Blech möglich sein.
8. Das Material musste lackierbar sein.
9. Die Kosten vergleichbarer Stahlblechformteile sollten nach Möglichkeit nicht überschritten werden.

Das Entwicklungsteam wurde dem Forschungs- und Entwicklungswerk der IFA, kurz FEW, in Chemnitz unterstellt, zu dessen Gebäuden auch das der Zentralen Versuchsabteilung der Auto Union (ZVA) gehörte.

Das FEW in Chemnitz, in das das »Kollektiv Pressstoffentwicklung« 1951 einzog, war in den Gebäuden der ehemaligen ZVA untergebracht

Versuchswagen, Rück- und Fortschritte

Mit welch primitiven Mitteln man damals ans Werk ging, ist heute kaum noch vorstellbar. Da die Angelegenheit »Pressstoffentwicklung« von allerhöchster Stelle beobachtet wurde – Parteichef Ulbricht hatte sozusagen die Patenschaft übernommen –, kam man beim Plastikkochen noch zusätzlich ins Schwitzen. Und es wurde wirklich richtig gekocht, alles was an Kunststoffen irgendwie greifbar war; sogar nachts in der privaten Küche von Direktor Lang. Höchste Eile war geboten, denn schon am 1. Mai 1951 (!) sollte das erste Versuchsfahrzeug mit Kunststoffkarosserie fertig gestellt sein; der SED Chef hatte sich persönlich eingeladen.
Nach diversen Tests wurde als erster Basiskunststoff Polyvinylchlorid, das in der DDR problemlos beschafft werden konnte, ausgewählt. Das schon 1912 erfundene PVC kam nach dem Zweiten Weltkrieg, mit entsprechenden Weichmachern versetzt, als »Igelit« sehr in Mode, zum Beispiel auch in der Bekleidungs- und Schuhindustrie.
Die Kunststoffleute benutzten mehrfach geschichtete PVC-Folien (ohne Weichmacher) mit zwischengelegten, grobmaschigen Jutegewebe-Bahnen. Diese verbesserten die Formfestigkeit und die Wärmebeständigkeit, denn PVC neigt schon bei 70 Grad Celsius zur Verformung – denkbar ungünstig für Karosserieteile! Das Ganze wurde in einer 250-t-Presse heiß verpresst. So erschuf ein mit elektrischen Heizstäben versehenes Furnierwerkzeug für eine F-8-Tür das erste Kunststoffkarosserieteil im Presswerk Ottendorf Okrilla. Ansonsten waren die Versuche bis dahin im Karosseriewerk Dresden, vormals Gläser,

durchgeführt worden. Nach diversen elektrischen Schlägen wurden die Werkzeuge gasbeheizt, was wiederum für kleinere Gasexplosionen sorgte, die den eingerichteten Versuchsraum von störenden Gaffern freihielten. Die Werkzeuge, auch für die restlichen F-8-Teile, stellten die Karosserieklempner des Werkes Audi in Zwickau in ungezählten Überstunden aus 3 mm Stahlblech her. So konnte der Termin 1. Mai tatsächlich gehalten werden, und dem 1. Sekretär wurde am Tag der Arbeit eine F-8-Cabrio-Limousine präsentiert, deren Außenteile bis auf die Tür-, Fenster- und Dachholme aus Kunststoff gefertigt waren. Gehalten wurden die Teile von einem extra konstruierten Holzgerippe. Da der Wagen zunächst nicht lackiert und die PVC-Deckfolie transparent war, konnte man die Gewebebahnen durchscheinen sehen. Auch deshalb bekam der Wagen den Spitznamen »der Selbstgestrickte«. Über 200 000 Kilometer legte er bis 1956 zurück, bis ihm ein LKW im Wege stand und den Garaus machte. Der Wagen bekam zwar die spätere Serienmotorhaube, aber ansonsten bewährte sich die Karosserie durchaus. Lediglich verrostete Blechteile des Fahrgestells wurden ausgetauscht, und die Kunstlederbespannung der erwähnten Holme musste mehrfach erneuert werden. Damit war schon mal klar bewiesen, dass dieses Material besser war als die antiquierte Holz-Kunstlederkombination. Aber die Herstellkosten waren, verursacht durch das zu teure Material und die umständliche Verpressung, nicht geringer geworden. So ganz konnte das Material auch den Ansprüchen noch nicht genügen, es war noch zu spröde (Schlagzähigkeit) und immer noch zu wärmeempfindlich.

Das erste Zwickauer Kunststoffauto der Nachkriegszeit. Am 1. Mai 1951 wurde diese F-8-Cabrio-Limousine der Öffentlichkeit vorgestellt. Die Motorhaube ist hier noch - wie beim Original aus Blech - mit zweireihigen Lüftungsschlitzen ausgeführt.

Der gleiche Wagen, etwa ein Jahr später mit neuer Motorhaube. Während fast 200 000 Kilometer bewährten sich die Pressstoffteile trotz der Hitzeanfälligkeit gut.

Nach einem Zusammenstoß mit einem LKW war das Schicksal des »Selbstgestrickten« besiegelt. An der Tür ist gut zu erkennen, wie sich der Kunststoff beim Bruch verhielt.

Neue Wege mussten eingeschlagen werden, vom PVC kam man mangels anderer Bindemitteln jedoch zunächst nicht los. Aber die Füllstoffe mussten sich ändern, denn so viel wusste man längst: Die Art, die Zusammensetzung und die angewandten Verfahren, Kunst- und Füllstoffe zu vereinigen und zu verpressen, können dem Endprodukt die gewünschten Eigenschaften verleihen.

Inzwischen waren Kontakte zur Hartpappefabrik Polenz geknüpft worden, und im Frühsommer 1951 zog die Pressstoffmannschaft dorthin um.

Von nun an wurde das PVC nur noch in Dispersionsform verwendet, das heißt, es wurde durch Zusatz chemischer Stoffe (Salze) zum Ausfällen (grobkörnige Partikel) gebracht. Als Füllstoff sollte Holzschliff dienen. Da die Anlagerung des PVC an den Holzschliff in der Praxis aber nicht glückte, kam man zunächst wieder davon ab und wandte sich Baumwollabfällen zu. Diese wurden in Polenz gerissen und in der Wattefabrik Kaltofen bei Hainichen zu lockeren Vliesen verarbeitet. Mit PVC-Dispersion imprägniert und anschließend verpresst wurde das bisher beste Ergebnis aller Versuche erzielt. Aber das Ganze erschien immer noch zu teuer, und man ging von den reinen Baumwollvliesen zunächst wieder ab. Sie wurden nun nur noch in geringen Mengen eingesetzt und mit Holzschliff vermischt. Im August 1951 war man in der Lage, verfilztes Vormaterial herzustellen, das bei 160–170 °C und 4 N/mm^2 Druck verpresst einen Kunststoff ergab, der halbwegs den Vorstellungen entsprach. Vor allem war durch den hohen Füllstoffanteil die Wärmeformbeständigkeit auf 90 °C erhöht worden. Auch die Übrigen Eigenschaften des Materials waren durchaus als positiv anzusehen. Das bestätigte auch ein amtliches Gutachten der Ingenieurschule Zwickau.

Das Material war also gefunden, doch die größere Schwierigkeit war die Umsetzung aus dem Versuchslabor in eine effektive Fertigung. Folgender Ablauf sollte produktionstechnisch umgesetzt werden:

- Zerkleinerung des Holzschliffs und Auflösung durch Zusetzen von Wasser bis zur Einzelfaser.
- Vermischung mit den Baumwollabfällen zu einem Faserbrei.
- Anlagerung der PVC-Dispersion an diesen Brei.
- Vermischung der gesamten Masse mit Wasser, das über eine Siebform (in Gestalt des späteren Pressteils) wieder entzogen wird.
- Das nun ca. 12 mm starke Material muss der Siebform entnommen und getrocknet werden, da der Wasseranteil noch zwischen 50 und 60 % betrug.
- Pressen des getrockneten Teils bei etwa 165 °C und 4 N/mm^2.
- Nach dem Pressvorgang – Abkühlen des Werkzeuges auf 70 °C, um das nun 3 mm dicke Kunststoffteil entnehmen zu können.

Das Pressstoffteam zog erneut um; im FEW in Chemnitz wurde eine Versuchsstrecke entsprechend dem geplanten Produktionsablauf aufgebaut, die aber schon wenige Wochen später in das Werk Audi nach Zwickau verlegt wurde. Man war der Meinung, dem Ziel, den F 9 in seiner originalen Karosserieform in Kunststoff herzustellen, einen entscheidenden Schritt näher

Das Kunststoff-Kochstudio: Mischbütten für Versuche zur Herstellung des Pressstoffs auf der Basis von PVC-Emulsion und Holzschliff in Chemnitz.

Auch der mit Pressstoffteilen beplankte, 1952 aufgebaute F 9 blieb ein Unikat.

gekommen zu sein, und wollte nun an dessen Fertigungsstätte direkt tätig werden. Presswerkzeuge wurden hergestellt und die Planungen für die Herstellung des neuen Stoffs in größerem Umfange und nach derzeitigen Erkenntnissen in Angriff genommen. Die Zahl von 2000 F-9-Karosserien pro Jahr war eine erste bescheidene Zielvorgabe.

Aber die Vormaterialbildung in großem Stil klappte nicht; man fand keine passende Methode zur Anlagerung des PVC an das Füllmaterial. Was auf dem Papier so schön ausgesehen hatte, die sogenannte Nassaufbereitung des zu verpressenden Materials, funktionierte in der Praxis nicht. Das Projekt war in dieser Phase ernsthaft gefährdet, die Gruppe stand am Scheideweg. Aber der Druck der Öffentlichkeit war gewachsen, große

Beträge waren investiert worden. Die Probleme durften nicht nach außen dringen, und so wurde schnell, beinahe nur als Ablenkungsmanöver, ein F 9 mit einem von inzwischen fünf hergestellten Sätzen Pressteilen beplankt und auf Erprobungsfahrt geschickt. Das Fahrzeug war wieder eine Cabrio-Limousine, wie schon fast alle Versuchswagen vor und während des Krieges. Damit sparte man sich die Herstellung des schwierigsten Teils, des Dachs.

Für die Motorhaube des F 9 wurden verschiedenen Varianten ausprobiert.

Auch der einzige Kunststoff-F-9 blieb nicht von einem Unfall verschont.

Die Entwicklung eines neuen Verfahrens zur Anlagerung des PVC wurde in Angriff genommen und schließlich erfolgreich abgeschlossen.
Aber das nächste Problem ließ nicht lange auf sich warten: Die Presswerkzeuge, aus Blech bestehend und mit Blei gefüllt, hielten einer Serienfertigung nicht stand. Mit verschiedenen Lösungen versuchten die Ingenieure, vor allem den unterschiedlichen Pressdrücken, die örtlich auftraten, zu Leibe zu rücken. Geringe Toleranzen in der Dicke des Pressmaterials wurden durch die Werkzeuge mit festem Unter- und Oberstempel nicht genügend ausgeglichen. Diese Stellen wiesen dann im fertigen Pressteil labile mechanische Eigenschaften auf.
Es folgten nun Versuche mit einem weichen Stempel im Werkzeug. Zum Beispiel mit einem eigens in einer Spezialfabrik hergestellten Gummidrucksack, der aber bei der Erprobung schon bei 6 kg/cm^2 platzte. Wieder steckte die Enttäuschung nach vielen ruhelosen Wochen tief. Da der Hersteller des Drucksacks nichts Besseres liefern konnte, man auch bei anderen Firmen nicht fündig wurde, schickte das Kollektiv aus Verzweiflung ein Telegramm mit den Worten »Sack geplatzt, Ministerium muss eingreifen« nach Berlin. Aber dort hatte man langsam die Geduld verloren und schickte folgende Antwort zurück: »Ministerium greift nicht ein, Werkleiter verfügt über Sack selbst«. Eine in späteren Jahren in Zwickau immer wieder gern erzählte Anekdote.

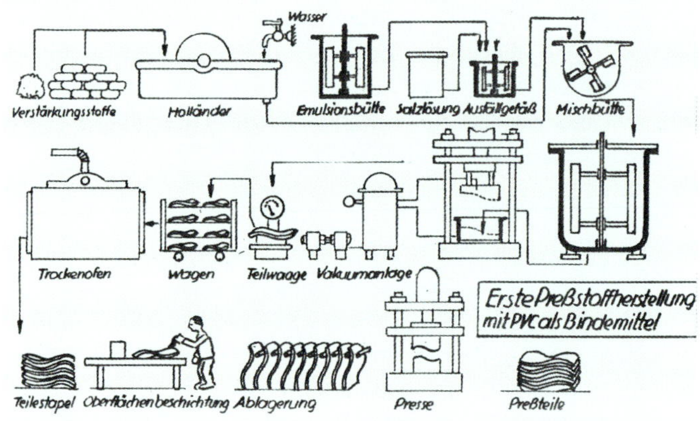

Schematische Darstellung der Pressteileproduktion mit PVC in Dispersionsform, Stand Frühjahr 1952.

Nach verschiedenen weiteren und ähnlich missglückten Versuchen kam endlich die Idee eines praktisch gut umsetzbaren Vollgummistempels auf, der noch über genügend Elastizität verfügte. Die Erfindung und Patentierung dieses Gummidruckstempels war letztlich eine Grundlage für die folgende, fast vier Jahrzehnte währende Duroplastteile-Produktion.
Schließlich musste noch nach Lösungen für das Beheizen und anschließende schnelle Rückkühlen der Werkzeuge gesucht werden. Wiederum gingen Wochen ins Land, und man verwendete letztlich elektrische Heizkörper, die mit verschiedenen

Technologien in die Werkzeuge eingebracht wurden. Später, die Serienfertigungen waren schon angelaufen, stiegen die Fachleute auf durch die Heizkanäle strömenden Dampf, noch später auf Heißwasser um. Die beheizten Werkzeugflächen waren aus Bronze oder Stahlguss, Materialien, die die schnelle Rückkühlung nach dem Pressen auf mindestens 90 °C gut vertrugen.

Inzwischen sind wir im Frühjahr 1952, nach über einem Jahr war die Entwicklung eines ersten patentfähigen Verfahrens zur Herstellung von Kunststoffkarosserie-Teilen abgeschlossen worden. Eine kurze Zeit sicherlich, damals hatte man aber aus Unwissenheit mit einer noch kürzeren Entwicklungsphase gerechnet und hinkte dem Zeitplan nun weit hinterher.

Trotzdem wurde diese erste Etappe DDR-üblich ganz intensiv in der Propaganda-Mühle gemahlen, und das Kollektiv, oder vielleicht sollte man besser schreiben »ein« Kollektiv, denn nicht alle offiziell Dazugezählten hatten entscheidende Anteile an der Entwicklung, erhielt den Nationalpreis II. Klasse. Ganz glücklich waren die Empfänger darüber nicht, denn im Umfeld war die Stimmung gegen die Plastiker nicht sonderlich gut, und die Preisverleihung vertiefte die Missgunst nur noch mehr. Gründe für die Anfeindungen waren die negative Einstellung der »richtigen« Automobilbauer, die der Meinung waren, »richtige« Autos könnten nur aus Blech gebaut werden, und die ständigen zeitlichen Verzögerungen bei der Einführung der Kunststoffteile in eine Serienfertigung.

Tür und Rückwand des Zwickauer Lastwagens H 3A aus Kunststoff.

Erste Serienteile

Für den Anfang wollte man mit relativ einfachen Teilen Erfahrungen sammeln, aber auch gleichzeitig richtige »Blechfresser« sinnvoll ersetzen. So wurde die Produktion von F-8-Motorhauben sowie Türen und Rückwänden der im Werk Horch gebauten Dreitonner-LKW H3 A ins Auge gefasst. Bei der Umsetzung in die Produktion gab es reichlich Ärger. Die Ausschussteile stapelten sich auf dem Gelände des Audi-Werks, was nicht nur mit Hohn und Witzeleien seitens mancher Kollegen quittiert wurde. Als letztes der drei vorgesehenen Teile wurde erst im Frühjahr 1953, nach nun zwei Jahren Kunstoffentwicklung, die aus vier Pressteilen bestehende F-8-Motorhaube serientauglich. Dieser Wagen hatte vorher schon ein neues Kunststoffteil bekommen – so ganz nebenbei wurde aus dem Fensterausschnitt der LKW-Türen noch die runde Dynastartabdeckung, die hinter dem rechten Vorderrad des Wagens den Zugang zur Zündanlage gestattete, gefertigt. Auch Stoßeckenverkleidun-

Aus den Fensterausschnitten der H-3A-Türen wurden die Schaulochdeckel der F-8-Wagen hergestellt.

Nachfräsen der am Ende dreiteiligen Motorhaube, zunächst ohne, dann mit den beiden Lüftungsschlitz-Seitenteilen. Jede Haube wurde individuell angepasst - ein Albtraum für spätere F-8-Restaurierer.

Fräsen der Lüftungsschlitze in das Seitenteil der F-8-Motorhaube.

Fertige IFA-F-8-Limousinen auf dem Zwickauer Werksgelände. Die ab 1953 eingesetzten Kunststoff-Motorhauben waren mit einer Reihe Lüftungsschlitzen versehen, bei den Blechhauben waren die Lüftungsschlitze zweireihig.

gen für den F 9 waren bis dahin aus Materialresten hergestellt worden.

Die Probleme bei der Umsetzung der Teilefertigung hinderten die Pressstoffleute nicht daran, die Entwicklung zur serienreifen Kunststoffkarosserie voranzutreiben. Natürlich für den IFA F 9; diesen in größeren Stückzahlen zu produzieren war Mitte 1952 immer noch das Ziel aller Zwickauer Automobilbauer. Noch in der Novemberausgabe der ***Kraftfahrzeugtechnik*** stand anlässlich eines Rückblicks auf die Leipziger Messe folgendes zu lesen: »Der F 9, der im In- und Ausland außerordentliches Interesse gefunden hat, rückt jetzt noch besonders dadurch in das allgemeine Blickfeld, weil er eine Kunststoffkarosserie erhalten wird.« An gleicher Stelle wurde dieser Kunststoff auch erstmals offiziell »Bestal« genannt, eine Bezeichnung, die sich ansonsten nicht durchsetzte.

Den Plastikern war aber längst klar geworden, dass das Ziel mit dem bisher Erreichten nicht zu realisieren war. Die Herstellung des Stoffs musste weiter vereinfacht, seine Eigenschaften mussten verbessert werden. Auch waren die Herstellkosten noch zu hoch.

Ein neues Verfahren

Das wärmeempfindliche Bindemittel PVC konnte inzwischen durch Kunstharz ersetzt werden, da die Chemische Industrie der DDR nun in der Lage war, dieses in größeren Mengen herzustellen. Was die sonstigen Eigenschaften des Materials, wie Schlagbiegefestigkeit (Schlagzähigkeit) und Verformbarkeit betraf, hatte man jetzt auch erkannt, dass reine Baumwollinters, gebildet aus möglichst langen Fasern, als Trägermaterial diese Eigenschaften entscheidend verbesserten. Eine Pappefabrik in Glashütte war in der Lage, aus reichlich vorhandenen Baumwollabfällen Filze herzustellen, die nun mit flüssigen Kresolharzen (Kresol stammt aus der Familie der Phenole) imprägniert und zu Formteilen verpresst wurden. Da aber für die Nassaufbereitung des Vormaterials die Baumwollfasern nicht

Immer wieder demonstrierten die Zwickauer auf verschiedenste Art und Weise die guten mechanischen Eigenschaften ihrer Pressstoffteile. Hier wird ein F-8-Motorhaubenteil stark beansprucht.

länger als 7 mm sein durften, wurden die gewünschten Eigenschaften noch nicht erreicht. Diese Nassaufbereitung, die bei der Verwendung von PVC ein notwendiges Übel war, musste aus dem Prozess verdrängt werden. Denn das bedeutete: Vereinfachung der Herstellung, damit Kostensenkung und Verbesserung der Materialeigenschaften durch Verwendung von langfaserigem Baumwollmaterial. Besonders der Wegfall der langen Trockenzeiten und des mit dem Trocknen verbundenen Energieaufwands waren verlockend.

Von den Filzen als Vormaterial wurde wieder abgegangen, stattdessen die zu Vliesen verarbeiteten (gekrempelten) Baumwollinters der Wattefabrik Kaltofen erneut eingeführt. Eine Möglichkeit zu finden, diese mit Kresolharz gleichmäßig zu imprägnieren, stellte den Kunststoffentwickler erneut vor große Probleme. Nach verschiedenen Experimenten wurden auch diese aus dem Weg geräumt und ein Verfahren gefunden, das nun endgültig der Durchbruch und mit dem schon zuvor eingesetzten Gummidruckstempel die Basis für rund 30 Patente und die jahrzehntelange Kunststoffkarosserie-Produktion war.

Das neue Verfahren beschrieb Wolfgang Barthel in einem Aufsatz von 1963 folgendermaßen: »Auf einer normalen Baumwollkrempel (Krempel = Vorbereitungsmaschine, die die Fasern zwischen Walzen, die mit Stahlstiften belegt sind, durch Streichen glättet, ausrichtet und reinigt. Anm. d. Autors) wurden die Baumwollabfallflocken zu einem dünnen, spinnwebeartigen Flor gestaltet. Dieser Flor, mit einer Breite von ca. 1,80 m, wurde auf einer Trommel aufgewickelt. Über der Trommel war eine Vorrichtung angebracht, aus der eine bestimmte Menge Kunstharz (Phenol) gleichmäßig abrieselte. Dieses Kunstharz wurde nun mit eingewickelt, bis das sich bildende Vlies aus der endlos ankommenden Florlage eine bestimmte Stärke erreicht hatte. Hiernach wurde es durchgetrennt, abgenommen, zwischen zwei Druckwalzen zum Erreichen besserer Handlichkeit vorverdichtet und zur gewünschten Form mit sogenannten Rundmessern zugeschnitten ...

Der Zuschnitt beispielsweise vom Format eines Kotflügels wird nun zusammengerollt und zur Presse transportiert. In der Presse ist das Werkzeug aus Stempel und Matrize eingebaut. Die Werkzeugformschale wird durch Dampf oder Heißwasser beheizt. Der Zuschnitt wird in das Werkzeug eingelegt und die Presse geschlossen. Es muss nun ein Druck von mindestens 40 kg/cm^2 und eine Temperatur von 160 °C eine bestimmte Zeit einwirken. Das in Pulverform im Vlies eingearbeitete Kunstharz schmilzt hierbei und imprägniert das watteartige, nun stark verdichtete Vormaterial vollständig. Das verwendete Kunstharz erreicht während des Pressvorgangs drei Zustän-

Nach Krempel und Einstreutrommel wird der Baumwollflor zwischen Druckwalzen vorverdichtet, ...

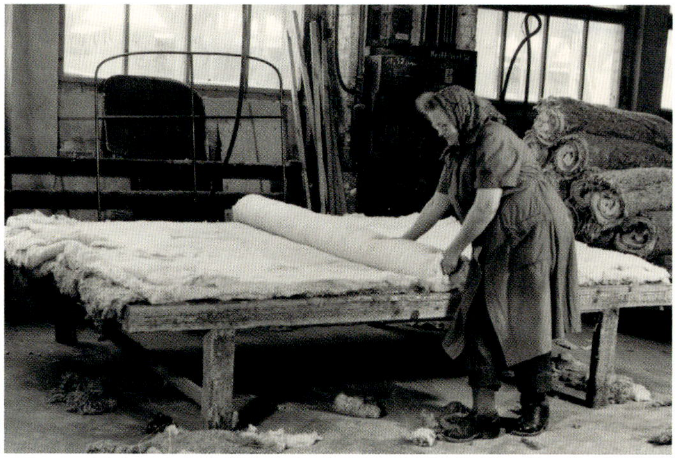

... auf dem Schneidetisch wieder ausgerollt und zur gewünschten Form zugeschnitten.

Einlegen des fertigen Zuschnitts in die Presse. Deutlich erkennbar der Gummidruckstempel im oberen Teil, ...

... ein ganz wesentlicher Faktor für die Duroplastteile-Produktion.

de. Zuerst wird es völlig flüssig, nach wenigen Minuten ist es teigartig, und schließlich härtet es aus. Diese Zustände sind typisch für die sogenannten Duroplaste ... Nachdem das Kunstharz in den letzten Zustand übergegangen ist, wird eine kurze Rückkühlung des großflächigen Werkzeuges zur Erleichterung der Entformung sowie zur Vermeidung von Auftreibungen notwendig. Das entformte Teil kann schließlich mechanisch fertig bearbeitet und an die Karosserie montiert werden.«

Die fertigen Karosserieteile hatten eine Dicke von etwa 3 mm, gepresst aus ca. 50 mm starkem Vormaterial.

Wer irgendwie mit der Kunststoffentwicklung in Zwickau zu tun hatte, war sich zu diesem Zeitpunkt, Anfang 1953, sicher, dass eine Serienfertigung, bei allerdings weiterer Vervollkommnung der Produktionsabläufe, beginnen konnte. Klar war allerdings inzwischen auch, dass die Karosserieform des F 9 nicht sonderlich geeignet für eine Pressstoff-Serienfertigung war. Die Rundungen waren sehr tiefgezogen, was eine teure und schwierige Werkzeugfertigung bedeutete, Probeteile hatten auch gezeigt, dass die Passungen der stark geschwungenen Koffer- und Motorhaube kaum genau hinzubekommen waren. Vor allem aber bereitete die Konstruktion des die Kunststoffteile tragenden Gerippes reichliche Kopfschmerzen.

Diese Sorgen wurden von anderer Stelle beseitigt. Das Ministerium für Maschinenbau hatte die Karten für den DDR-Automobilbau neu gemischt und entschieden, die Produktion des großen EMW 340 in Eisenach einzustellen und dafür dort den

Nach Pressen und Abkühlen kann das (fast) fertige Karosserieteil zur Weiterbearbeitung entnommen werden.

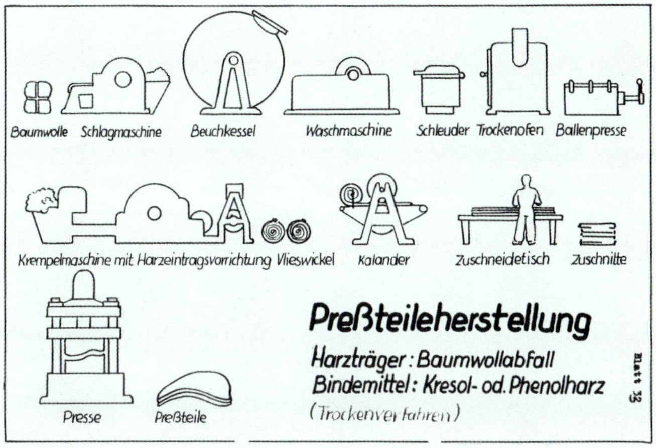

Schematische Darstellung der Pressteileproduktion, wie sie bis in das Jahr 1958 hinein angewendet wurde.

F 9 in größeren Stückzahlen zu produzieren. Aus logistischer Sicht war - bei einer Tagesproduktion von fünf Fahrzeugen - die schnelle Verlagerung ohne weiteres möglich (insgesamt wurden nur 1625 F 9 in Zwickau gebaut). Problematischer waren die menschlichen Aspekte in diesem turbulenten Jahr 1953: Während es in Eisenach zu Protestdemonstrationen kam - neben dem E(B)MW 340 war auch das Aus für die Produktion des Motorrades R 35/3 absehbar, das ebenfalls auf eine BMW-Entwicklung zurückging -, trauerte man dem F 9 in Zwickau nicht minder nach. Dieser Wagen war ein Kind des Zwickauer Automobilbaues, entsprach den internationalen Ansprüchen dieser Zeit und sollte die Zukunft der Werke Horch (Karosserie) und Audi (Montage) sichern. Da lief die Propaganda-Maschinerie der Parteiführung vor allem des Audiwerks auf Hochtouren, um die Wogen zu glätten. Ein neuer Kleinwagen mit Kunststoffkarosserie würde den F 8 ablösen und schon 1954 in Serie gehen. Bei Horch sollte ein repräsentativer Sechszylinder die Tradition der großen Limousinen fortsetzen. Wie so oft im Leben - und besonders zu DDR-Zeiten - kam es auch hier anders, als man an allerhöchster Stelle dachte.

Kofferraumdeckel und Motorhaube für den F 9 aus Duroplast. Es blieb hier bei Versuchsteilen, denn die runde Karosserie des Dreizylinders erwies sich schließlich als ungeeignet für eine Plastverkleidung.

P 50 – der erste Versuch

Im FEW in Chemnitz beschäftigten sich die Ingenieure schon seit 1951 mit einem Kleinwagenprojekt und entwickelten den späteren Trabantmotor mit Drehschiebereinlass nach einem Patent von Friedrich/Rauch. Das Forschungs- und Entwicklungswerk war zu dieser Zeit noch ein eigenständiger Volkseigener Betrieb innerhalb der IFA; die offiziellen Kontakte zu den anderen Werken, auch nach Zwickau, waren teilweise sehr förmlich, nicht selten stand man untereinander auf Kriegsfuß. Eine engere Zusammenarbeit hatte es, wie geschildert, bei der Duroplastentwicklung gegeben, der man allerdings auch eher skeptisch gegenüberstand.

Der F 8 bleibt ohne Alternative

Während andernorts schon das Ende der F-8-Produktion verkündet wurde – auch in Chemnitz war man da schnell dabei – nahm Audi in Zwickau von diesen Vorgängen kaum Notiz. Im Gegenteil, nach der Produktionsverlagerung des F 9 nach Eisenach waren die Automobilwerker in eine lähmende Lethargie verfallen. Das Werk Horch war dabei nicht so sehr betroffen, denn mit der Produktion des recht modernen Dreitonner-LKWs H3 A, einer Weiterentwicklung aus Auto Union-Zeiten war der Betrieb zwar nicht ausgelastet, aber doch gut beschäftigt und vor allem ohne Zukunftssorgen.

Die Audi-Werker klammerten sich an ihren F 8, der zum Jahresende 1953 technisch und optisch noch einmal deutlich aufgewertet wurde. So konnte der Export, nicht nur ins osteuropäische Ausland, noch einmal angekurbelt werden. Der Inlandsabsatz war wegen fehlender Konkurrenz sowieso kein Problem, im Gegenteil: auch in der DDR entwickelte sich langsam ein gewisser Wohlstand, der die private Nachfrage nach PKW steigerte. Zwar konnten die Produktionszahlen gesteigert werden, 1953 wurden täglich etwa 15 PKW F 8 gebaut, doch das war bei weitem, auch im Hinblick auf die Kosten-

Zum Jahresende 1953 wurde der IFA F 8 noch einmal technisch und optisch überarbeitet, um ihn weiter im Programm und vor allem auf dem Exportmarkt halten zu können.

deckung, nicht ausreichend. Wie in anderen volkseigenen Betrieben stimmte das Verhältnis von Produktionsarbeitern und Gemeinkostenlöhnern in extremem Maße nicht, was eine schlechte Arbeitsproduktivität und negative Bilanzen zur Folge hatte.
In der Chefetage des Fahrzeugwerks Audi wusste man, dass das Werk (als reines Montagewerk) über Kapazitäten von 200 und mehr Kleinwagen täglich verfügte, und die Direktoren wussten auch, warum die Produktion weit von diesen Zahlen entfernt blieb: die Materialversorgung war schlecht, es herrschte akuter Mangel an qualifizierten Facharbeitern, und die Maschinen- und Betriebsausrüstungen waren mangelhaft und veraltet. Natürlich war es auch mit dem umständlichen Aufbau des alten DKW F 8 (Holzkarosserie mit Kunstlederbezug) nicht möglich, die ganz großen Stückzahlen zu produzieren. Doch wie aus diesem Dilemma herauskommen? Wie den Stand der Kunststoffkarosserie-Entwicklung sinnvoll nutzen?

Die Wende wird eingeleitet

Im Januar 1954 wurden diese Fragen zwar noch nicht beantwortet, aber trotzdem die Wende im Zwickauer Automobilbau eingeleitet. Das Präsidium des Ministerrats ordnete in seinem Beschluss Nr. 36/53 vom 14. Januar 1954 die Neuentwicklung von Personenkraftwagen an. In der »Vertraulichen Dienstsache« hieß es unter anderem: »Die Produktion von PKW unserer volkseigenen Industrie entspricht weder nach Menge noch nach Typen dem Bedarf der Bevölkerung und des Exports. Das Präsidium des Ministerrats beauftragt deshalb den Minister für Maschinenbau, folgende Maßnahmen durchzuführen: ... Als Nachfolger für den Typ F 8 ist ein Kleinwagen (Typ 50) mit folgenden Eigenschaften zu entwickeln:

- Kleinwagen mit zwei Haupt- und zwei Nebensitzen,
- Gewicht des fahrfertigen Wagens maximal 600 kg,
- Höchstgeschwindigkeit 80 km/Std.,
- Kraftstoffverbrauch 5,5 l/100 km,
- Jahresproduktion 12 000 Stück,
- Preis DM 4000,- ab Werk.

Für den Kleinwagen Typ 50 ist die Verwendung von Kunststoff für die Karosserie vorzusehen.«

In den weiteren Ausführungen dieses Beschlusses wurde auch die Zeit der Entwicklung bis zur Serienreife auf 18 Monate festgelegt! Ein Karosseriewerk für 15 bis 20 000 Karosserien pro Jahr sollte in Zwickau gebaut werden.

Die Entwicklungsarbeiten für den P 50 blieben beim FEW in Chemnitz (bald Karl-Marx-Stadt) und Audi in Zwickau. Das Werk Horch war mit der Entwicklung des großen P 240 »Sachsenring« beschäftigt.

Die Angelegenheit wurde natürlich umgehend nach Chemnitz (FEW) und von dort nach Zwickau weitergeleitet, wo man erbost über die kurze Zeitvorgabe und die Festlegung des Preises war, der praktisch die Halbierung des aktuellen F-8-Preises bedeutete.
Das FEW nahm nun die Koordinierung in die Hand, vergab terminierte Konstruktions- und Versuchsaufgaben für das Vorprojekt, das bis 31. Dezember 1954 abgeschlossen sein sollte, an das Kraftfahrzeugwerk Audi. Das Werk Horch wurde nicht mehr mit einbezogen, da man dort inzwischen mit der Entwicklung des großen Sachsenring P 240 begonnen hatte.

Das Projekt Typ P 50

Das FEW machte Audi mit dem Stand der eigenen Entwicklung vertraut, und nach etwa einem Monat, am 31. März 1954, legten die Konstrukteure in einem gemeinsamen, umfangreichen Bericht den Entwicklungsstand zum »Projekt Typ P 50« vor.
Die führenden Leute bei Audi waren zu diesem Zeitpunkt schon mehr als skeptisch, was die Termine betraf, man hatte bisher wenig zustande gebracht; lediglich über die Formgebung und die Aufteilung der Außenhaut gab es seit Anfang März konkrete Vorstellungen. Am 1. Mai 1954 berief deshalb der gerade von Horch gekommene (dort bisher im Versuch und in der Konstruktion tätige) frisch gekürte Technische Direktor des VEB Audi, Winfried Sonntag, im Auftrag von Werkdirektor Heinz Probsthahn das »Kollektiv P 50« ein, dem maßgebliche Mitarbeiter des Werkes wie der Werkdirektor selbst, der Leiter der Versuchsabteilung Pestel oder der Konstruktionsleiter

Haustein, der schon für Rasmussen im Eiltempo den DKW F 1 mitentwickelt hatte, angehörten. Auch die Herren Schädlich, Klauß und Hans, die zur Pressstoff-Gruppe gehörten, waren gelegentlich in die Arbeiten des Kollektivs einbezogen.
Die Gruppe hielt von nun an regelmäßige Sitzungen im Technischen Kabinett des Werks ab, um immer wieder Rechenschaft über das Geschehene ab- und die weiteren Aufgabenstellungen festzulegen. Aber das änderte nichts daran, dass Zwickau mit den Zuarbeiten für des FEW stark in Verzug geriet und von dort aus wiederholt gemahnt wurde.
Immerhin konnte im Chemnitzer FEW doch noch das erste Versuchsmodell, heute als Ur-P-50 bekannt, aufgebaut werden. Es stieß auf allgemeine Ablehnung. Das Auto war innen viel zu klein geraten, im Fond konnten höchstens Kinder Platz finden, was vielleicht der Ministervorgabe entsprach, nicht jedoch den Vorstellungen der sächsischen Automobilbauer. Und: der Anteil an Feinblech innerhalb der Karosserie war viel zu hoch; Feinblech war nach wie vor in der DDR ein äußerst rarer Artikel und deshalb nur schwer zu beschaffen. Die Konstruktion war schlichtweg ein Fehlschlag, es musste wieder von vorn begonnen werden.

Noch kein großer Wurf: Der erste P-50-Prototyp, am 15. August 1954 fertig gestellt, konnte die Erwartungen nicht erfüllen.

Noch einmal der erste P-50 Prototyp neben einem - ebenfalls im FEW aufgebauten - möglichen F-9-Nachfolger.

Der Lloyd 400, im Westen »Leukoplastbomber« genannt, war eines der westlichen Fahrzeuge, das sich das FEW als Anschauungsobjekt nach Chemnitz geholt hatte.

Rollermobil? – Nein danke!

Wie wichtig das Projekt P 50 für die junge DDR war, zeigte die Einmischung von Wilhelm Pieck, dem ersten und letzten Präsidenten der DDR. Er unterstützte die vom FDJ-Sekretär des FEW getätigte Eingabe, in der die Fertigung eines Rollermobils nach westdeutschem Vorbild gefordert wurde. IFA-Chef Lang wurde daraufhin zu Pieck bestellt und konnte ihn in einem mehrstündigen Gespräch davon überzeugen, dass die Rollerperiode zu Ende gehen würde und am Ende des Weges auch im Westen ein vollwertiger Kleinwagen stünde.
Dennoch hatte es diverse Versuche zum Bau von Kleinstwagen in der DDR gegeben. Am bekanntesten wurde hier wohl der Entwurf von Albert Locke, der schon in Rasmussens DKW-Konzern als Konstrukteur tätig gewesen war. Er begann 1956 einen Kleinwagen unterhalb des P 50 zu entwickeln, und im Frühjahr 1958, der Trabant absolvierte gerade die Nullserie, stellte Locke ein 1:1-Holz- und ein Sitzmodell seines Klein-

■ *Der ZEK-Konstrukteur Albert Locke versuchte mit seinem – spöttisch »Lockomobil« genannten – Entwurf, einen Beitrag zum Thema Kleinstwagen unterhalb des P 50 zu leisten. Es blieb bei einem 1:1-Holzmodell.*

wagens vor. Natürlich war an eine Serienproduktion nicht zu denken, und Ruhm und Ehre brachte das »Lockomobil«, wie es nicht ganz frei von spöttischen Untertönen von den Kollegen genannt wurde, seinem Schöpfer auch nicht ein.

Das Projekt P 50 auf Sparflamme

Im Sommer 1954 waren die Arbeiten am P 70 in vollem Gange (siehe nächstes Kapitel). Selbstverständlich wurde nach wie vor auch an der Weiterführung des Projektes Typ 50 gearbeitet, es kam aber kaum voran. Staatssekretär Koch intervenierte in einem Brief vom 20. August und warf Audi vor, die Entwicklung des P 50 nicht genügend voranzutreiben, dagegen mit eigenmächtiger Arbeit am P 70 begonnen zu haben. Allerdings wurde diese Arbeit weder untersagt noch gebilligt.
Anfang September, nach Auswertung des Entwicklungsstands, war allen Beteiligten klar: Der Serienanlauf des P 50 kann nicht vor dem 1. Januar 1957 beginnen. Die Schuld daran wurde wieder hauptsächlich im Werk Audi gesucht, das FEW wusch seine Hände in Unschuld.
Noch schwieriger wurde es im Jahr darauf. Die Arbeiten am P 50 kamen während der heißen Phase der Serienvorbereitung des P 70 fast völlig zum Erliegen. In Karl-Marx-Stadt (wie Chemnitz inzwischen hieß) war man darüber alles andere als erfreut, die eigenen Entwicklungsarbeiten kamen ohne Zuarbeit aus Zwickau nicht voran.
Mit der Neustrukturierung des DDR-Fahrzeugbaus 1954 – die Werke der bis dahin in sowjetischen Händen befindlichen AWTOWELO-Gruppe (zum Beispiel Simson in Suhl oder EMW in Eisenach) wurden in die IFA integriert – wurde das Forschungs- und Entwicklungswerk in Karl-Marx-Stadt 1955 aufgelöst und als »Zentrale Entwicklung und Konstruktion für den Kraftfahrzeugbau«, kurz ZEK, weitergeführt.
Wenn die Verantwortlichen nach dem Aufbau des ersten P-50-Versuchswagens im Jahre 1954 davon ausgingen, dass das Fahrzeug praktisch neu konstruiert werden musste, betraf das im Wesentlichen nicht die Trieb- und Fahrwerkskonzeption. Deren schon in den Jahren zuvor begonnene Entwicklung bedurfte lediglich noch eines gewissen Feinschliffs.

Der Ur-P-50, kein Lloyd 400

Im FEW waren weder Kosten noch Mühen gescheut worden, sich die aktuellen Trends im internationalen Automobilbau zu vergegenwärtigen. »Spione« wurden ausgesandt, Rollermobile und Kleinwagen westlicher Baumuster zu Studienzwecken nach Chemnitz geholt. Das war und ist international üblich; die Ingenieure, die nach Krieg und Abwanderung in Sachsen noch zur Verfügung standen, waren jedoch sehr wohl in der Lage, ein optisch wie technisch eigenständiges Fahrzeug auf die Räder zu stellen. Vielleicht sah ja das Kleid des Ur-P-50 noch ein bisschen Lloyd-selig aus, und auch beim Ensemble darunter hatte man ein wenig nach Bremen geschielt, dennoch konnte man insgesamt von einer Chemnitzer Schöpfung sprechen. So hatten sich die dortigen Ingenieure Paul Wittber (FEW/ZEK) und Alfred Liebers (Motorenwerk) des schon erwähnten Drehschiebermotors angenommen und ihn zum ersten PKW-Motor seiner Art weiterentwickelt. Dabei war das wirklich Neue eben

■ *Der ehemalige Auto-Union-Rennfahrer und Ingenieur August Momberger hatte mit dem Motor des Lloyd 400 zu Beginn der 1950er Jahre einen idealen Kleinwagen-Motor konstruiert. Ähnlichkeiten mit dem späteren P-50-Motor waren nicht zufällig.*

jener Flachdrehschieber für den Einlass, der dem Triebwerk letztlich seine typische Leistungscharakteristik verlieh. Mit Unterstützung von Oberingenieur Siegfried Rauch, zu diesem Zeitpunkt Technischer Leiter im FEW und Zweitakt-Experte, hatte im Wesentlichen Dipl.-Ing. Herbert Friedrich den Einlassdrehschieber entwickelt. Friedrich war vor und nach dem Krieg Entwicklungsingenieur in Zschopau und hatte unter anderem wesentlichen Anteil an der Entwicklung der DKW-Kompressor-Rennmaschinen gehabt. Rauch und Friedrich hielten die Patente 13291 und 14471, die Eingang in die Entwicklung des Trabant-Motors fanden, was Paul Wittber später bestritt und für sich reklamierte.

Für die Fahrwerkskonstruktion, die Ende 1953 schon weitgehend abgeschlossen war, zeichnete Ingenieur Werner Pietsch vom FEW verantwortlich.

Bis Anfang 1955 sind noch weitere Prototypen zu verschiedenen Versuchszwecken, der Erstkonstruktion folgend, gebaut worden. Die Karosserien des zweiten und dritten Wagens wurden noch, wie schon die des ersten, aus Blech über Holzschablonen gedengelt. Eine äußerst mühselige Arbeit! Doch ers-

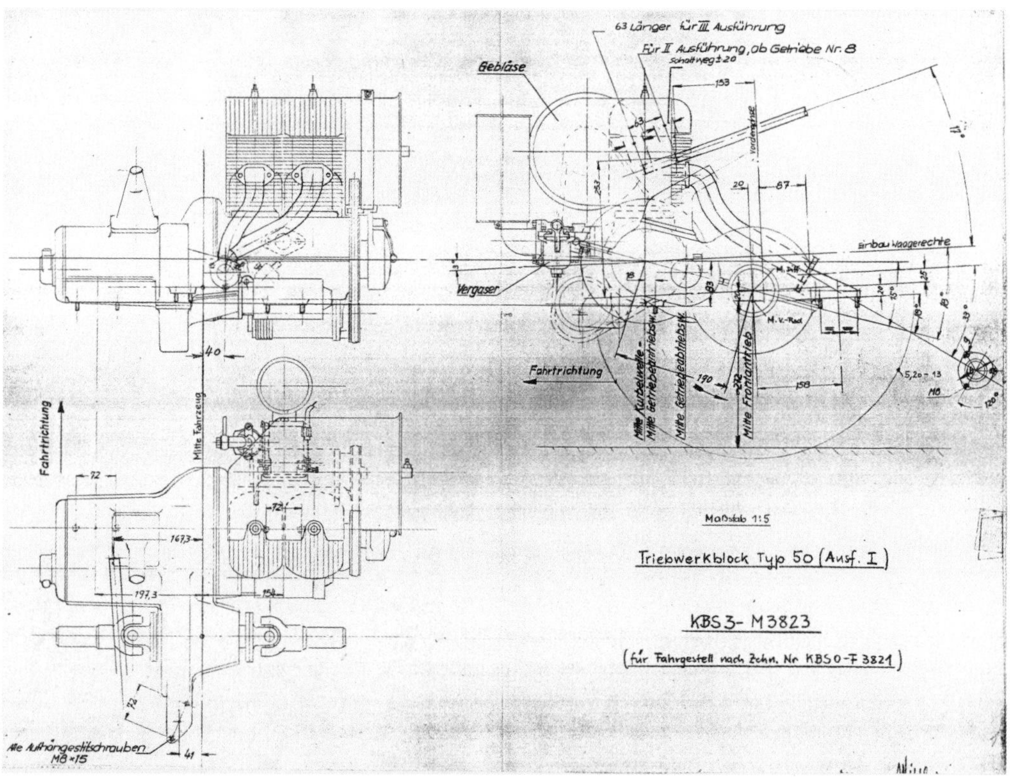

■ *Eine Konstruktionszeichnung des P-50-Triebwerkblocks in der ersten Ausführung. Am Ende machte der Plattendrehschieber für den Gemischeinlass den Unterschied zu ähnlichen Entwicklungen jener Zeit aus.*

tens waren zu dieser Zeit die Presswerkzeuge noch nicht fertig (oder wurden gleich für den Bau der P-70-Versuchsfahrzeuge abgeändert und benutzt), und zweitens das Problem der Befestigung von Pressstoffteilen an das Stahlblechgerippe noch nicht zufriedenstellend gelöst.
1955 lief in Sachen P 50 im ZEK wenig, in Zwickau, bei Audi, gleich gar nichts mehr. Alle automobilen Kräfte im westsächsischen Raum wurden für die Überführung des P 70 in die Serienproduktion gebündelt. Es ist übrigens zu berücksichtigen, dass die Anzahl an Konstrukteuren und Technologen, die dem Werk Audi angehörten, im Vergleich zu westlichen Automobilfirmen äußerst bescheiden war.
Insgesamt waren fünf Fahrzeuge vom Ur-P-50 entstanden, die bis zum Jahresende 1956 zusammen 374.000 Testkilometer zurücklegten.

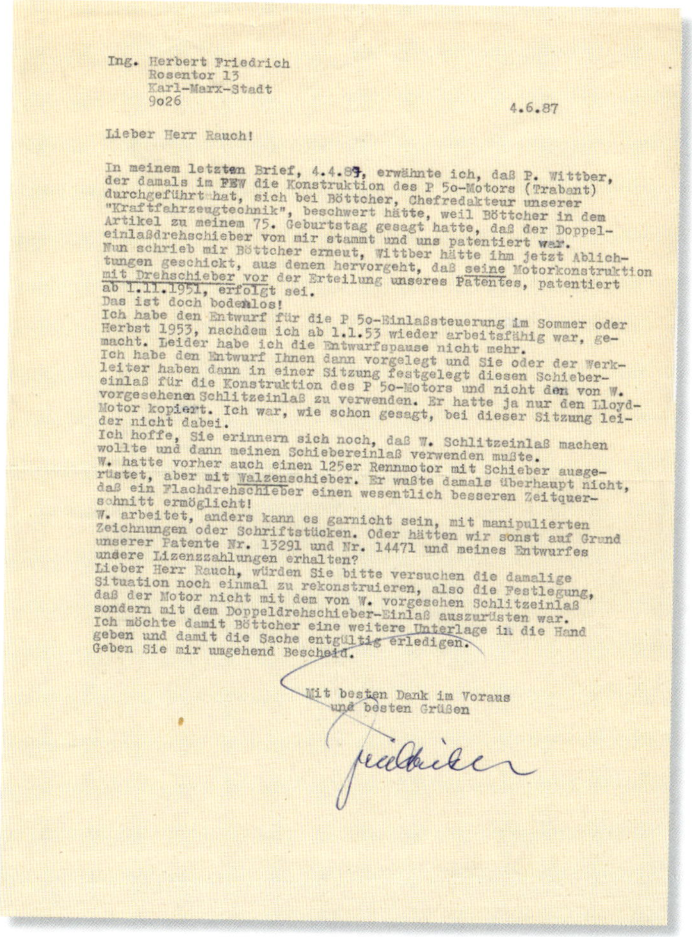

Ing. Herbert Friedrich
Rosentor 13
Karl-Marx-Stadt
9o26

4.6.87

Lieber Herr Rauch!

In meinem letzten Brief, 4.4.87, erwähnte ich, daß P. Wittber, der damals im FEW die Konstruktion des P 5o-Motors (Trabant) durchgeführt hat, sich bei Böttcher, Chefredakteur unserer "Kraftfahrzeugtechnik", beschwert hätte, weil Böttcher in dem Artikel zu meinem 75. Geburtstag gesagt hatte, daß der Doppeleinlaßdrehschieber von mir stammt und uns patentiert war.
Nun schrieb mir Böttcher erneut, Wittber hätte ihm jetzt Ablichtungen geschickt, aus denen hervorgeht, daß seine Motorkonstruktion mit Drehschieber vor der Erteilung unseres Patentes, patentiert ab 1.11.1951, erfolgt sei.
Das ist doch bodenlos!
Ich habe den Entwurf für die P 5o-Einlaßsteuerung im Sommer oder Herbst 1953, nachdem ich ab 1.1.53 wieder arbeitsfähig war, gemacht. Leider habe ich die Entwurfspause nicht mehr.
Ich habe den Entwurf Ihnen dann vorgelegt und Sie oder der Werkleiter haben dann in einer Sitzung festgelegt diesen Schiebereinlaß für die Konstruktion des P 5o-Motors und nicht den von W. vorgesehenen Schlitzeinlaß zu verwenden. Er hatte ja nur den Lloyd-Motor kopiert. Ich war, wie schon gesagt, bei dieser Sitzung leider nicht dabei.
Ich hoffe, Sie erinnern sich noch, daß W. Schlitzeinlaß machen wollte und dann meinen Schiebereinlaß verwenden mußte.
W. hatte vorher auch einen 125er Rennmotor mit Schieber ausgerüstet, aber mit Walzenschieber. Er wußte damals überhaupt nicht, daß ein Flachdrehschieber einen wesentlich besseren Zeitquerschnitt ermöglicht!
W. arbeitet, anders kann es garnicht sein, mit manipulierten Zeichnungen oder Schriftstücken. Oder hätten wir sonst auf Grund unserer Patente Nr. 13291 und Nr. 14471 und meines Entwurfes unsere Lizenzzahlungen erhalten?
Lieber Herr Rauch, würden Sie bitte versuchen die damalige Situation noch einmal zu rekonstruieren, also die Festlegung, daß der Motor nicht mit dem von W. vorgesehen Schlitzeinlaß sondern mit dem Doppeldrehschieber-Einlaß auszurüsten war.
Ich möchte damit Böttcher eine weitere Unterlage in die Hand geben und damit die Sache entgültig erledigen.
Geben Sie mir umgehend Bescheid.

Mit besten Dank im Voraus
und besten Grüßen

Friedrich

■ *Briefwechsel zwischen Herbert Friedrich und Siegfried Rauch zum Streitthema Einlassdrehschieber. Paul Wittber hatte später die Entwicklung als seine eigene reklamiert.*

■ *Der ehemalige DKW-Ingenieur Herbert Friedrich hatte maßgeblichen Anteil an der Entwicklung des Plattendrehschiebers für den Trabant-Motor.*

■ *Die bis Ende 1954 hergestellten P50-Karosserien mussten noch von Hand aus Blech gedengelt werden.*

■ *Vom so genannten Ur-P-50 entstand 1954 sogar eine Kombiversion als Prototyp.*

DZ 04354

P 70 – Der Zwischentyp

Angesichts der Tatsache, dass ein Serienstart des P 50 vorläufig völlig unmöglich war, und dem Fakt, dass von Berlin weder zusätzliches Geld noch Arbeitskräfte für die weitere P-50-Vorbereitung zur Verfügung gestellt werden konnten, kam zwangsläufig ein Gedanke auf die Tagesordnung, der auch schon lange vorher in einigen Köpfen herumgegeistert war: Den F 8 in seinem Grundaufbau zu belassen und ihm nur eine neue, selbstverständlich aus Kunststoff bestehende, Karosserie zu schneidern. Entgegen kam den Befürwortern dieses Planes jetzt, dass man die Karosseriezeichnungen und bereits erstellte Werkzeuge für die Fertigung von P-50-Prototypen auch für den neuen »F 8K«, wie er nun erstmals genannt wurde, in nur geringfügig geänderten Formen wieder verwenden konnte.

Das Projekt F 8K

Von nun an ging es im Eiltempo vorwärts. Am 2. Juni 1954 wurden die ersten Pläne vorgestellt – Chefkonstrukteur war Ingenieur Locke, ebenfalls ein alter DKW-Stratege, der vom FEW Chemnitz mit zwei weiteren Konstrukteuren der Pressstoff-Entwicklungsstelle in Zwickau zugeordnet worden war – und ein Fristenheft angelegt. Im Sitzungsprotokoll des P-50-Kollektivs vom gleichen Tag wurde unter anderem festgehalten: »Aufgrund dieser labilen Situation ... wurden die Bedenken des Kollegen Probsthahn hinsichtlich des F 8 infrage des Werkzeugbaues und des Rohmaterials (Pressstoff) bestärkt, sodass er am vergangenen Samstag ein Kollektiv zusammenrief... um mit ihm gemeinsam festzulegen, wie die Änderung des F 8 erfolgen solle ... Die Abnehmer erwarten, dass wir im übernächsten Jahr mit etwas Neuem herauskommen. Wenn es uns gelingt, das Aussehen des F 8 günstig zu verändern, müssten wir dieses Fahrzeug bis 1960 (zweiter Fünfjahrplan) noch absetzen können. Wir müssen nur trachten, dahin zu kommen, etwas Durchschlagkräftiges auf die Beine zu bekommen ... Als das Modell des P 50 vorlag, kam gemeinsam der Gedanke, eine solche Karosse auf das Fahrwerk des F 8 aufzubauen ... Daraus wurde dann gefolgert, Werkzeuge zu fertigen, mit denen zu gleicher Zeit Karossen für P 50 und F 8 hergestellt werden können ... Die jetzt hergestellten Werkzeuge sind so gefertigt, dass sie für F 8 in neuer Ausführung und P 50 Verwendung finden können ... Die Erkenntnis hat so optimistisch gestimmt, dass am Samstag vorab durchgesprochen wurde, bis zur Messe zwei Fahrzeuge F 8 neue Ausführung auf die Beine zu stellen. (Gemeint war die Leipziger Herbstmesse 1954 – es kann hier vorweggenommen werden, dass kein Fahrzeug bis dahin fertig wurde. Anm. d. Autors) ... Dem Betrieb gegenüber ist vorläufig Stillschweigen zu bewahren. Es soll über den hier anwesenden Kreis hinaus niemand um die Angelegenheit wissen. Die Frage soll ohne viel Lärm und Tamtam gelöst werden. Stellen wir dann vor der Messe die fertigen Fahrzeuge in einer geschmackvollen Lackierung und Innenausstattung auf den Hof und zeigen sie als den neuen F 8, dann ist das innerhalb unseres Betriebes ein Erfolg.«

Für die Aufnahme von Karosserie und Triebwerk des P 70 wurde der Radstand des Fahrgestells vom F 8 von 2600 auf 2380 mm verkürzt.

Für den P 70 wurde der DKW-F-8-Motor um 180 Grad gedreht und vor die Vorderachse gesetzt.

Aus Berlin wurden ständig Beobachter nach Zwickau und Karl-Marx-Stadt (in das man Chemnitz inzwischen, unter Protest weiter Teile der Bevölkerung, umgetauft hatte) abgestellt, die den Fortgang des P-50-Projektes zu überwachen hatten. Für diese Leute wurden extra »Requisiten« angeschafft, bestehend aus neuen Karosseriekunststoff-Mustern, die dann immer im passenden Augenblick auf der Bildfläche erschienen und mit Knalleffekt auf Fußboden oder Tischplatte eingesetzt wurden. Das waren Ablenkungsmanöver, die zu eifrige Schnüffler beeindrucken sollten; meist klappte das auch ganz ausgezeichnet. Selbst Parteichef Ulbricht gab sich die Ehre zu einer Inspektionstour. Ihm wurden dann auch noch neue Presswerkzeuge für den angehenden P 70 als solche des P 50 verkauft. Mitte Juni, man hatte schon mit dem Aufbau der beiden Versuchswagen begonnen, kam eine schriftliche Anfrage des Staatsekretärs und stellvertretenden Ministers für Maschinenbau Koch, was man denn bei Audi für Musterfahrzeuge baue. Die »Spione« hatten also doch Lunte gerochen. Koch wies in dem Schreiben ausdrücklich darauf hin, dass für eine Weiterentwicklung des F 8 kein Geld zur Verfügung stehe. Die Mannschaft in Zwickau bekommt kalte Füße, aber schließlich ist es einmal mehr Kurt Lang, der alle davon überzeugt, das Projekt heimlich weiter zu verfolgen und Einwände aus Berlin einfach zu ignorieren.

Der Stand der Technik ist Ende Juni der, dass klar ist, den Motor des F 8 nahezu unverändert, aber um 180 Grad gedreht vor die Vorderachse zu setzen. Die Position der Vorderachse, und damit der Rahmen, müssen verändert werden. Die Lenkung wird vom F 9 übernommen. Das erste Versuchsfahrzeug nimmt inzwischen Gestalt an, dennoch geht es recht langsam voran. Diverse Materialien können nur schleppend beschafft werden.

Der wassergekühlte Zweizylinder-Zweitaktmotor des F 8 wurde mit wenigen Änderungen (u. a. schräg gesetzte Zündkerzen) für den P 70 beibehalten.

Am 28. Juli 1954 präsentiert Direktor Probsthahn seinen Projekt-Vorschlag F 8K. In weiteren Ausführungspunkten geht der Verfasser zum Beispiel im Jahre 1955 von noch 5500 alten F 8 (wurden tatsächlich fast exakt gebaut), 2000 F 8K, davon 50 als Nullserie (wurde sogar übertroffen) und 50(!) Typ 50 aus. Die Serienfertigung des neuen F 8 sollte im Juli beginnen. Im Jahre 1956 sollten sogar schon 1000 P 50 gebaut werden! Im darauffolgenden Jahr war dann, laut Direktor Probsthahn, die völlige Ablösung des F 8K durch den P 50 vorgesehen. Weiterhin ging das Projekt davon aus, dass der Preis des neuen F 8 nicht über dem des alten liegt. 913 000 DM und 170 zusätzliche Arbeitskräfte wären die zu tätigenden Investitionen.

Am 12. August 1954 wird das erste Gerippe zur Aufnahme der Pressstoffteile fertig, am 27. August ist das Fahrzeug, es wurde jetzt erstmals P 70 genannt, komplett und einfarbig rotbraun lackiert. Die Fahrgestell-Nr. lautete P 70 001. Der Radstand des ersten Versuchswagens war auf 2300 mm verkürzt worden (F 8 = 2600 mm). Obwohl man schon am ersten Prototyp erkannte, dass das vom Ur-P-50 übernommene Heck für den P 70 zu kurz und auch ziemlich hässlich war, ließ sich das für das zweite Modell nicht mehr ändern; es war schon zu weit fortgeschritten. Alle Versuchsmuster hatten eine Lenkradschaltung an Stelle des F 8-»Krückstocks«, der dann aber aus Kostengründen doch wieder für die Serie übernommen wurde.

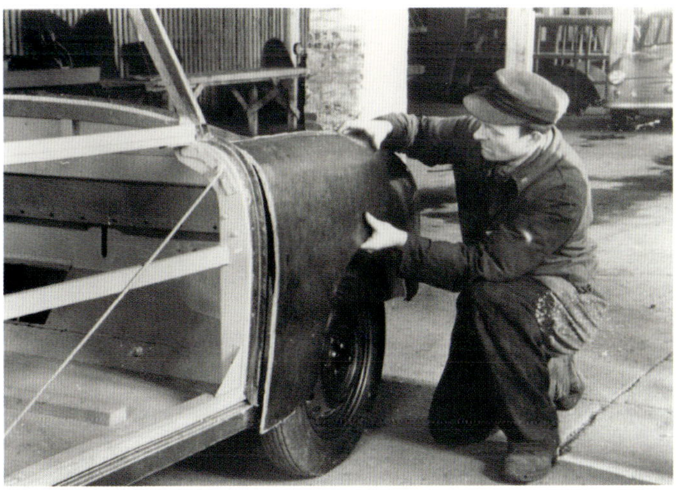

Anpassung eines Kotflügels an ein P-70-Versuchsmodell. Die Musterbauer hatten sich in eine Halle zurückgezogen, in der auch ein Ur-P-50 geparkt war.

Der erste Versuchswagen Typ P 70 von 1954 sah dem endgültigen Serienfahrzeug schon recht ähnlich.

Am 7. September 1954 erörterten Staatssekretär Koch, Werkdirektor Probsthahn, Direktor Sonntag, Haupttechnologe Hans und Bereichsleiter Klauß die Situation. Die Zwickauer versuchten von 18.00 Uhr bis 2.00 Uhr morgens den Berliner Regierungsfunktionär von der Notwendigkeit der P-70-Produktion zu überzeugen. Eine Entscheidung gab es nicht, und man hörte danach einen ganzen Monat lang nichts aus Berlin. Koch, dem die Angelegenheit zu heiß wurde, konsultierte seinen Chef Heinrich Rau. Dieser mochte zunächst auch nichts entscheiden und rief den wissenschaftlichen Beirat der IFA zusammen. Darauf hatten diese Herren schon lange gewartet, konnten sie doch endlich an der richtigen Stelle ihren Unmut über dieses ganze »Plastikzeugs« kundtun. Von den 39 anwesenden Experten lehnten 35 die Produktion des P 70 ab! Und trotzdem fällte Rau, der wusste, dass er in absehbarer Zeit nicht ausreichend Karosserieblech für »richtige« Autos zur Verfügung stellen konnte, am 5. 10. 1954 die Entscheidung: »Das Projekt Typ 70 zur Serienreife bringen, dabei konsequent an der Weiterentwicklung des Typs 50 arbeiten!«

Der Weg zur Serienproduktion

Nun konnte auch Geld flüssig gemacht und, wie viele meinten, verschwendet werden. 440 000 DM forderte Zwickau noch für 1954 für die weiteren Entwicklungsarbeiten zum P 70 – 350 000 wurden genehmigt. Dazu weitere 150 000 für 1955 und ausschließlich für den P 70. Insgesamt flossen 1955 3,5

Im Februar 1955 – ein halbes Jahr vor dem Serienstart – wurde der erste Prospekt für den P 70 gedruckt. Die Leipziger Frühjahrsmesse stand bevor!

■ *Für den ersten P-70-Verkaufsprospekt standen die beiden Versuchsfahrzeuge von 1954 Modell. Beim Armaturenbrett wurde im Vergleich zu den späteren Serienfahrzeugen noch nicht gegeizt. Interessant auch die Angabe von 24 PS, die man zu dieser Zeit noch für möglich hielt.*

Millionen DM (Ost) zu Audi-Zwickau (ab 1. September 1955 VEB Automobilwerk AWZ, Zwickau), für Investitionen, hauptsächlich in die Abteilungen Werkzeugbau, Lackiererei und Presserei.

Das gesamte P-70-Projekt wurde allein in Zwickau von den Audi-Leuten in Zusammenarbeit mit der so genannten »Außenstelle« des FEW, der Pressstoffentwicklungsstelle, durchgezogen. Aus dem P-50-Kollektiv war inzwischen das P-70-Kollektiv geworden.

Nach dem offiziellen Einverständnis der Regierung begann die Neukonstruktion des P 70 auf der Grundlage des bisher Erarbeiteten. Dazu wurde am 5. November 1954 im Technischen Kabinett von Audi die Entscheidung darüber getroffen, welche Teile des P 70 aus Pressstoff gefertigt werden sollten: Heckmittelteil, hintere und vordere Kotflügel, Türen, Schürze, Motorhaube, Dach mit Dachrückwanddecken, Armaturentafel, Reserveradschale, Fußkasten und Mittelteil des Windlaufs. Die Radkästen sollten zunächst nur vorläufig aus Blech gepresst werden, sie blieben freilich blechern während der ganzen Produktionszeit.

Schon eine Woche später waren die meisten Konstruktionszeichnungen fertig und die Innenausstattung wurde festgelegt.

Ende des Monats, genauer am 26. November, ging das zweite Musterfahrzeug zur Lackiererei; es wurde zweifarbig, lindgrün für die untere, flaschengrün für die Dachhälfte. Eine auch späterhin beliebte Lackierung für den P 70.

Mit der Leipziger Herbstmesse war es also nichts geworden, aber wenigstens dienten die Fahrzeuge eins und zwei als Vorlage für den ersten P-70-Prospekt, der im Februar 1955 gedruckt wurde, zu einer Zeit, als der P 70 schon seriennah und sehr verändert aussah. Denn ab dem dritten Versuchsfahrzeug kam man der endgültigen Gestalt des P 70 immer näher. Bis zum 31. Dezember 1954 sollten zwei weitere Fahrzeuge, jetzt mit dem wieder leicht verlängerten Radstand von 2380 mm – zur Verbesserung der Sitzverhältnisse – und einem neuen Heck, fertig sein. Jedoch wurde nur noch Fahrzeug Nr. 3 1954 fertig – aber mit altem Heck, da die neuen Presswerkzeuge trotz größter Anstrengungen weiter auf sich warten ließen. Erst die Fahrzeuge vier und fünf hatten, bis auf geringe Details, das endgültige Aussehen und auch erstmals den neuen Zylinderkopf aus Aluminium. Jedoch wurden diese Fahrzeuge erst Mitte Februar realisiert. Dipl.-Ing. Pestel von der Versuchsabteilung nannte nicht termingerechte Lieferungen diverser Teile wie Antriebsketten oder Scheibendichtungen als Hauptursachen für die Verzögerungen. Tatsächlich machten den Zwickauer Automobilbauern nicht eingehaltene Verträge der Zulieferer auch noch lange nach Beginn des Serienstarts das Leben schwer und müssen als eine Hauptursache sowohl der Entwicklungsverzögerungen als auch vieler technischer Schwächen der ersten Fahrzeuge gelten.

Der fünfte P-70-Versuchswagen wurde erstmals im Karosseriewerk Dresden karossiert – ein weiterer Grund für Verzögerungen; in der alten Karosserieschmiede, in der vor allem in den dreißiger Jahren edelste Fahrzeuge fast aller namhaften Automobilhersteller den Hof verließen, tat man sich schwer mit der neuen Kunststoffbeplankung. Aber auch für die Dresdner gab es keine Alternative zum P 70, und so ging man dort durchaus mit Engagement ans Werk.

Dieses letzte Versuchsfahrzeug bekam nun auch die endgültige Innenausstattung mit Stoffhimmel und so genannten Kas-

tensitzen an Stelle der bis zu diesem Zeitpunkt verwendeten Stahlrohrmöbel, die zu instabil waren.
Seit dem grünen Licht der Regierung erhöhte sich ständig der Druck auf das P-70-Projekt. Für August 1955 war der Serienstart festgelegt, vorher mussten noch 150 Nullserien-Fahrzeuge gebaut werden. Die zeitig auftretenden massiven Blockaden durch verschiedene Zulieferer durften zwar den Produktionsbeginn nicht gefährden, aber schon im Februar, als die Konstrukteure erkannten, dass man Kompromisse werde eingehen müssen, wurde entschieden und mit Nachdruck verteidigt, dass die für 1955 geplanten ca. 2000 P 70 nur für den Inlandsmarkt bestimmt sein durften.

Schon in früheren DKW-Zeiten war man den Fahrzeugen gern aufs Dach gestiegen, um dessen Stabilität werbewirksam zu beweisen. Hier stehen Belegschaftsmitglieder des Automobilwerks Zwickau (AWZ) auf einem der ersten im Spätsommer 1955 hergestellten P 70.

Das aufwendige Karosseriegerippe bestand überwiegend aus Holz. Die Radkästen blieben bis zum Produktionsende blechern.

Einer der ersten Serienwagen, noch mit Kunstlederdach, »Türklinken« und kleinen, eckigen Rückleuchten.

An der Basis, wo die Fachleute, die für die wirtschaftlichen und politischen Verhältnisse nicht verantwortlich waren, fast täglich Pionierleistungen vollbrachten, kämpfte man in diesen Zeiten mit so simplen Problemen wie nicht lieferbaren Windschutzscheiben, Vergasern oder Doppelrollenketten. Diese Ketten, die die Kraft von der Kurbelwelle auf das Getriebe übertrugen (seit den frühen dreißiger Jahren von DKW genutztes Prinzip), konnten vor allem nicht in der erforderlichen Qualität geliefert werden: sie rissen ständig. Das hatte auch etwas mit der gesteigerten Leistung des P 70 gegenüber dem F 8 zu tun. Das Antriebsaggregat wurde ja grundsätzlich beibehalten. Aber der neue Zylinderkopf aus Leichtmetall und mit mittigen Bohrungen für die Zündkerzen brachte eine höhere Verdichtung und damit eine Leistungssteigerung von 20 auf 22 PS. Und diese zwei zusätzlichen Pferde zerrten nicht nur an den Antriebsketten. Eine höhere Verdichtung bedeutet auch ein größeres Drehmoment, und damit hatte die Sechs-Volt-Dynastartanlage so ihre Schwierigkeiten. Besonders beim Kaltstart drehte sich oft nichts mehr, und so wurde schon beim fünften Versuchsfahrzeug die Anlage auf 12 Volt hochgerüstet. Für die im Frühjahr gebauten Nullserien-Fahrzeuge war die 12-Volt-Elektrik allerdings noch nicht lieferbar.
Das unsynchronisierte Getriebe musste zwangsläufig beibehalten werden, wurde aber wegen der Leistungssteigerung gering-

Blick in den P-70-Motorraum mit dem jetzt mittig platzierten Kühler.

(Abb. oben und unten) Ähnlich wie bei der Auto Union führte auch die Versuchsabteilung von Audi Überschlagsimulationen durch, um das Unfallverhalten des P 70 zu testen.

fügig neu abgestuft. Der Kühler war jetzt wie beim F 9 hinter dem Motor angeordnet; eine Kühlwasserheizung sollte das Fahren im Winter angenehmer machen und die alte Krümmerheizung des F 8 ersetzen.
Ein neuer Vergaser, der bei den Berliner Vergaserwerken entwickelt worden war und im P 70 eingesetzt werden sollte, wurde 1955 nicht mehr fertig. Sorgen bereitete auch das ganze Jahr über die Auspuffanlage, die gegenüber dem F 8 verändert wurde (geräuschärmer) und deren Abstimmung nicht recht gelang. Der Luftfilter musste im veränderten P-70-Motorraum unter dem Vergaser platziert werden.
Während noch die ersten fünf Versuchswagen im harten Dauertest Proberunden drehten und zwischen 50 000 und 105 000 Kilometer zurücklegten, wurde ab März mit der Herstellung der Nullserie begonnen. Dabei gab es noch eine Vorserie zur Nullserie, bestehend aus drei Fahrzeugen, die bis Mitte März fertig waren und bei denen noch einmal experimentelle Veränderungen an der Karosserieform vorgenommen wurden, die dann aber keine Auswirkungen auf die Nullserie und die Serie hatten. Danach wurden in Dresden im April 25, im Mai 50 und im Juni 71 Fahrzeuge fertig gestellt.
Bei Testfahrten in Nullserienfahrzeugen im Frühsommer 1955 kamen die Testfahrer der Versuchsabteilung ordentlich ins Schwitzen: Wegen akuter Lieferschwierigkeiten passender Kurbelautomaten und aus Kostengründen saßen die meisten Türscheiben der ersten 150 P 70 starr in ihren Rahmen. Die P-70-Gruppe einigte sich im Juni darauf, auf Kurbelfenster zu verzichten, stattdessen die einfachere Lösung des Schiebefensters einzuführen. Die hintere Hälfte des Fensters konnte so bis zur Mitte geschoben werden. Versuchsfahrzeuge waren bereits so ausgerüstet gewesen, teilweise sogar mit ausstellbaren Dreiecksfenstern hinter der A-Säule. Sehr positiv äußerten sich die Tester dagegen über die Platzverhältnisse im neuen Wagen und über die besseren Fahreigenschaften gegenüber dem F 8.
Am 23. Juli 1955 stellte sich die Fertigungssituation wie folgt dar: Die Abdichtung der Karosserie konnte durch neue Tür- und Fensterdichtungen ab Fahrzeug 151 (Fahrgestell Nr. 70 151) gewährleistet werden (ein Trugschluss, wie sich später herausstellen sollte). Ebenfalls ab diesem Fahrzeug, sozusagen dem ersten Serienfahrzeug, wurde die 12-Volt-Anlage eingebaut. Weiter offen blieb die Frage einer gebogenen Frontscheibe, die es schließlich doch gab, allerdings nicht aus dem gewünschten Verbundmaterial, sondern aus damals zuweilen noch üblichem, gehärtetem Sicherheitsglas. Fest stand, dass

Zwei P 70, erkennbar an der »Haifischschnauze«, wurden zu Testzwecken auch mit dem Dreizylindermotor des F 9 ausgestattet. Die Duroplastkarosserie vertrug die höheren Geschwindigkeiten problemlos.

Die Karosserien für den P 70 fertigte das Karosseriewerk Dresden, vormals Gläser, die »Hochzeit« mit dem Fahrgestell fand dann im Zwickauer Automobilwerk statt.

Andersherum entstand auch eine verlängerte P-70-Karosserie, die auf ein F-9-Fahrgestell gesetzt wurde.

Werbeaufnahme mit einem der ersten Serien-P-70 an der Elbe in Dresden.

die Fertigung von F-8-Limousinen mit der Aufnahme der P-70-Produktion eingestellt, dagegen aber die Produktion von Sportcabriolets und Lieferwagen in verringertem Umfang zunächst weitergeführt wurde. Dies in erster Linie, um Exportverpflichtungen nachzukommen. Der Herbst 1955 wurde so auch ein heißer für das Karosseriewerk Dresden, das nun in der Serie wieder die P-70-Karosserien nach Zwickau lieferte, wo die Endmontage stattfand.

Mit den üblichen propagandistischen Sprüchen war die Einführung des P 70 Typ »Zwickau« in die Serie im August 1955 sozialismusgerecht gefeiert worden. Aber auch mit stillem Stolz und Genugtuung derer, die ihn erschaffen hatten. Und diese klugen Köpfe waren schon längst dabei, die Mängelliste, die hunderte der ersten Fahrzeuge zu ihren neuen Besitzern begleitete, zu verkürzen.

Gegenüberstellung veränderter techn. Daten P 70 – F 8

Technische Daten	P 70	F 8
Breite/mm	1500	1480
Höhe/mm	1430	1480
Länge/mm	3740	4000
Radstand/mm	2380	2600
Spur hinten/mm	1200	1250
Sitzbreite vorn/mm	2 x 520	2 x 450
Sitzbreite hinten/mm	1300	1000
Fensterfläche/m^2	1,6	1,1
Zylinderkopf	Leichtmetall, Mittelkerze	Grauguss, Kerzen seitlich
Leistung/PS	22	20
Drehmoment/mkg	5,4	4,9
Verdichtung	1:6,8	1:5,9
Vergaser	Flachstrom H 321 (ab 1956)	Flachstrom H 30
Elektrische Anlage / Dynastart	12 Volt	6 Volt
Getriebeübersetzung 1./2./3. Gang	3,34/1,63/1,00	3,44/1,69/1,00
Kühlwassermenge/l	6	8

Für die Medien stiegen dem P 70 seine Macher auf das Dach: (v.l.n.r.) Heinz Probsthahn, Werner Reichelt, Alfred Schädlich, Erich Klauß, Wilhelm Ladewig, Winfried Sonntag. Sitzend links Wolfgang Barthel, rechts Fritz Hans.

Der P 70 wies gegenüber dem F 8 eine bessere Rundumsicht und eine etwas modernere Armaturentafel auf. Die »Krückstockschaltung« blieb erhalten.

Kombi und Coupé

Im April 1955 schlossen die Konstrukteure ihre Arbeiten für den Kombi fast zeitgleich mit denen an der Limousine ab. Zugunsten des Produktionsbeginns der Limousine wurden die Feinheiten und die Arbeiten der Versuchsabteilung jedoch auf den Herbst verschoben.

Zu dieser Zeit sind dann noch einmal 35 000 Mark an Entwicklungsgeldern für den Kombi aus Berlin bewilligt worden. Eine lächerliche Summe, aber die Mittel der Volkswirtschaft blieben knapp.

Im Oktober begannen die Techniker ein Versuchsfahrzeug auf ein unverändertes Limousinen-Fahrgestell aufzubauen. Da der Kombi letztlich auch so in Serie ging, blieb die Nutzlast mit 320 kg relativ gering. Am 8. November wurde das Versuchsfahrzeug fertig gestellt und in kürzester Zeit 35 000 km Probe gefahren.

Bis zum Mittelpfosten (B-Säule) stammten auch die Karosserieteile von der Limousine. Das Heck mit Kotflügeln und dritter Tür entsprang einem anderen Zeichenbrett. Für die daraus resultierenden neuen Kunststoff-Karosserieteile mussten natürlich auch wieder neue Presswerkzeuge gebaut werden. Das Dach wurde in der traditionellen Bauart (Sperrholzgeflecht mit Kunstlederbespannung) belassen. In einem Stück hätte man das großflächige Teil zu dieser Zeit nicht aus Duroplast pressen können.

Die umklappbaren Rücksitze ließen einen variablen Stauraum entstehen; eine wesentliche Ursache für die rasch steigende Beliebtheit des Fahrzeugs. Auch international genoss der Kombi einiges Ansehen und wurde bald in größeren Stückzahlen exportiert als die Limousine. In westliche Länder, vor allem nach Skandinavien, wurden schon 1957 fast nur noch Kombis geliefert.

Im ersten Prospekt für den P 70 Kombi wurde noch die Bezeichnung »Tourist« benutzt, die später stillschweigend entfiel.

Anfangs wurde der Dreitürer noch im AWZ in Zwickau karossiert. Die steigenden Stückzahlen und die stetige Vorbereitung auf die P-50-Produktion ließen hier jedoch die Kapazitäten bald eng werden. Deshalb wurde die Kombi-Karosseriefertigung schließlich zum Karosseriewerk Dresden, Stammbetrieb Arnoldstraße, vergeben. Wie bei den Limousinen kamen die Karosserien dann zur Endmontage nach Zwickau.

Im ersten P-70-Rundschreiben an Handel und Vertragswerk-

Dieser Kombi trägt eine rundum laufende Dachleiste. Das war bis 1958 nicht grundsätzlich so, …

… die Zierleiste war zuweilen an den A-Säulen auch bis zum Kotflügel heruntergezogen.

■ *Der praktische Kombi lief der Limousine - zumindest im Export - bald den Rang ab.*

stätten, betreffend Einführung des P 70 als »Zwischentyp« zur Ablösung des F 8, wurde angekündigt, »dass im November/Dezember noch eine kleine Menge Kombi-Wagen unter der Bezeichnung ›P 70 K Tourist‹ auf den Markt kommen würde.« Tatsächlich sind die ersten Tourist, die bald nur noch einfach Kombi hießen, aber erst Anfang 1956 verkauft worden.

War der Kombi der zweckmäßigste aus der P-70-Reihe, so ist das Coupé, das erstmals zur Leipziger Frühjahrsmesse 1957 der Öffentlichkeit präsentiert wurde, zweifellos der eleganteste. Der 2+2-Sitzer, wie man ihn heute nennen würde, kann als die letzte Sportwagenschöpfung des traditionsreichen Karosseriewerks Dresden, vormals Gläser, die auch für den Markt produziert wurde, bezeichnet werden.
Nach der Zerstörung Dresdens im Februar 1945 wurden alle Überbleibsel des namhaften Karosserieherstellers Gläserkarosserie GmbH nach Neustadt an der Aisch in Bayern verlagert und dort auch wieder eine Firma Gläser gegründet, der ein größerer Erfolg jedoch verwehrt blieb.
In Dresden versuchte nach der Enteignung der VEB Karosseriewerk Dresden - KWD - in die Fußstapfen des Vorgängers zu treten. Mit dem Cabriolet EMW 327/2, dessen Coupé-Version 327/3 und einem neuen Kleid für das F 8 Cabrio konnten auch die sozialistischen Nachfahren unter Leitung von Lange/Hermann zeigen, dass man an der Elbe noch rassige Karosserien schneidern konnte. Natürlich lag es nahe, nun auch für den P 70 eine eigene Kreation zu entwerfen. In kürzester Zeit, Anfang 1957, wurde die Form des Typ »Zwickau« von Chefkonstrukteur Ing. Schmidt und seinen Mitarbeitern überarbeitet. Das Ergebnis wurde danach ohne größeres Aufsehen ins Zwickauer Verkaufsprogramm aufgenommen. Mit wenig Aufwand war ein zumindest äußerlich schöner Wagen entstanden. Das Fahrwerk blieb gegenüber der Limousine genauso völlig unverändert wie das Armaturenbrett mit Lenkrad. Da das Coupé in Dresden im Alleingang entstand, war eine sportlichere Umgestaltung unter dem Kunststoffkleid nicht möglich. Im KWD verstanden sich die Konstrukteure nur auf Karosserien, und so entstanden eine neue sportliche Kühlerschürze, die Motorhaube mit angedeuteter, chromgefasster Lufthutze und ein kürzeres, rundes Coupé-Dach. Dieses Dach sorgte nicht nur für die rassige Form des Wagens, sondern auch für zwei Notsitze im Fond, auf denen höchstens Kinder Platz fanden.

■ *P 70 Coupé von 1958. Die Türgriffe gab es in zwei Ausführungen: Hier die Zuggriffe vom F 9; Verwendung fanden auch die Kuppelgriffe der Limousinen.*

■ *Mit dem P 70 Coupé bewies das Karosseriewerk Dresden, vormals Gläser, dass es immer noch schnittige Kleider schneidern konnte, und sei es für ein so simples Automobil wie den Zwickauer Kleinwagen.*

Das Heck war zwischen den Kotflügeln nun länger geworden, und die Dresdner konstruierten eine Kofferraumklappe hinein, die bis auf die Stoßstange hinunterreichte! War dieser Kofferraum schon größer als der der Limousine, damals bei Sportwagen nicht mal unüblich, so konnte er noch durch Umlegen der Rücksitzlehnen vergrößert werden. Die veränderten Karosserieteile wurden im Blechverarbeitungswerk Bernsbach aus Karosserieblech gepresst.

Die Türen des Coupés erhielten einen Kurbelautomat; die Seitenscheiben aus Sicherheitsglas ließen sich so in der Tür versenken. Der Sattler kam im Innenraum auf seine Kosten: Die Verkleidungen wurden mit echtem, meist rotem oder rotbraunem Leder überzogen. Auch die Sitze waren entweder aus diesem Material oder aus mit Leder eingefasstem Cord-Samt. Eine solche Ausstattung war natürlich hauptsächlich exportorientiert. Tatsächlich ließ sich der Wagen im Ausland recht gut absetzen. Bei einem Inlandsverkaufspreis von 11 700 DM (Limousine 9250 DM) blieb der Wagen in der DDR sowieso nur wenigen Auserwählten vorbehalten.

Nur das Coupé brachte den Luxus einer mittels Kurbelautomatik in die Tür versenkbaren Scheibe und einer kompletten Lederausstattung mit.

Die veränderte Karosserie brachte gegenüber der Limousine aber auch einen Nachteil: Die beim P 70 (Limousine) gelobte Lastverteilung auf die Achsen von beinahe 50:50 Prozent verschob sich beim etwas leichteren Coupé nach vorn. So fielen 510 kg auf die vordere und 360 kg auf die hintere Achse. Der Geradeauslauf wurde davon beeinflusst, und ein Tester machte im Dezember 1957 folgenden Vorschlag: »Auf gerader Strecke liegt der Wagen besser, wenn der Kofferraum etwas belastet wird. Schon zwei volle 20-Liter-Kanister machen da sehr viel aus.«

Dem Coupé wurde in Dresden die meist zweifarbige Karosserie aufgesetzt. Wie viele genau gebaut wurden, ist heute leider nicht mehr nachzuvollziehen. Die Zahlen, die man von ehemaligen Mitarbeitern oder anderen, in der Branche kundigen Personen erfährt, schwanken zwischen 300 und 1500 Fahrzeugen. Wie beim F 8 sind auch für den P 70 nur die Komplettfahrzeuge unabhängig vom Karosserietyp in Zwickau aktenkundig geworden. Bei Großbränden im KWD in den Betriebsteilen Arnoldstraße und Radeberg sind ganze Aktenberge vernichtet worden, die vielleicht noch den einen oder anderen Aufschluss hätten geben können.

Das P 70 Coupé wurde in aller Regel zweifarbig lackiert, wobei die Kombination rot/weiß die meistverwendete war.

Modellpflege 1956–1958

Waren die Konstrukteure Locke (FEW bzw. ZEK) und Haustein (Werk Audi) bisher bei der Entwicklung des P 70 federführend (letzterer zeichnete vor allem für den Kombi verantwortlich), so wurde im November 1955 ein neuer Konstruktionsleiter für den VEB Automobilwerk AWZ Zwickau tätig. Dipl. Ing. Wilhelm Orth, bis dahin Chef der Herren am Reißbrett im ZEK und erklärter P-70-Gegner, wurde mit folgender Aufgabenstellung nach Zwickau geschickt: Die Arbeiten am P 70 schnellstens abzuschließen und die Entwicklung des P 50 bis zur Serienreife voranzutreiben.

Wilhelm Orth, ein schon an den Zeichenbrettern der Auto Union in Ehren ergrauter Vollblutkonstrukteur, war 1947 mit fadenscheinigen Begründungen nach Russland deportiert worden. Glücklicherweise konnte er etwa zwei Jahre später fast unversehrt an seine alte Wirkungsstätte zurückkehren. Nach

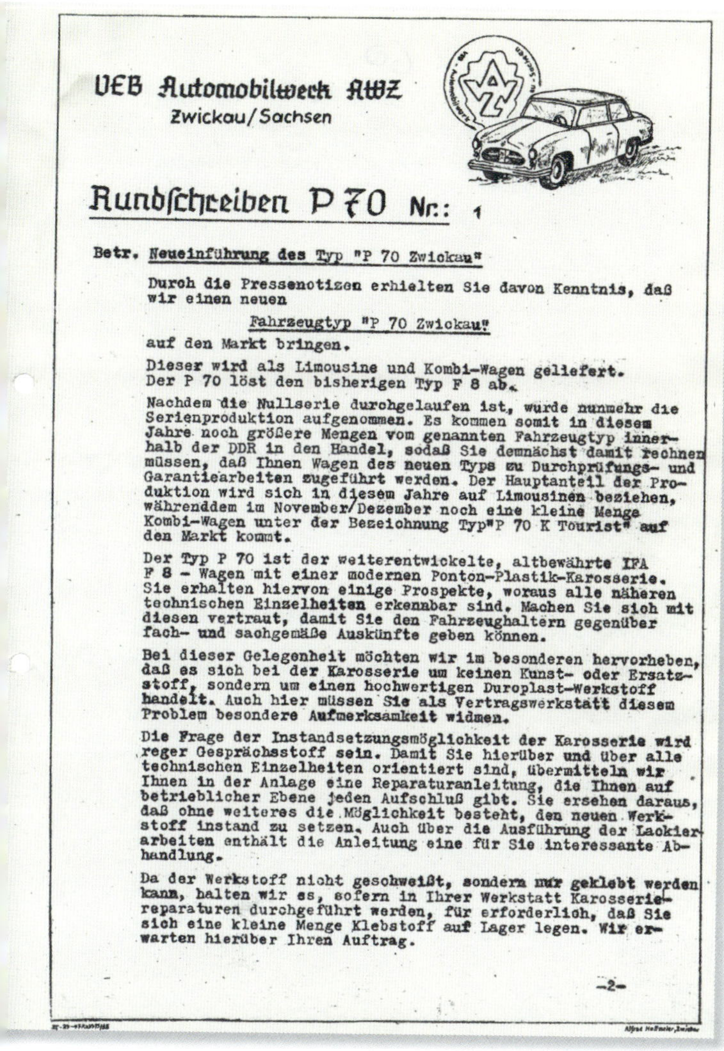

VEB Automobilwerk AWZ
Zwickau/Sachsen

Rundschreiben P 70 Nr.: 1

Betr. Neueinführung des Typ "P 70 Zwickau"

Durch die Pressenotizen erhielten Sie davon Kenntnis, daß wir einen neuen

Fahrzeugtyp "P 70 Zwickau"

auf den Markt bringen.

Dieser wird als Limousine und Kombi-Wagen geliefert. Der P 70 löst den bisherigen Typ F 8 ab.

Nachdem die Nullserie durchgelaufen ist, wurde nunmehr die Serienproduktion aufgenommen. Es kommen somit in diesem Jahre noch größere Mengen vom genannten Fahrzeugtyp innerhalb der DDR in den Handel, sodaß Sie demnächst damit rechnen müssen, daß Ihnen Wagen des neuen Typs zu Durchprüfungs- und Garantiearbeiten zugeführt werden. Der Hauptanteil der Produktion wird sich in diesem Jahre auf Limousinen beziehen, währenddem im November/Dezember noch eine kleine Menge Kombi-Wagen unter der Bezeichnung Typ"P 70 K Tourist" auf den Markt kommt.

Der Typ P 70 ist der weiterentwickelte, altbewährte IFA F 8 - Wagen mit einer modernen Ponton-Plastik-Karosserie. Sie erhalten hiervon einige Prospekte, woraus alle näheren technischen Einzelheiten erkennbar sind. Machen Sie sich mit diesen vertraut, damit Sie den Fahrzeughaltern gegenüber fach- und sachgemäße Auskünfte geben können.

Bei dieser Gelegenheit möchten wir im besonderen hervorheben, daß es sich bei der Karosserie um keinen Kunst- oder Ersatzstoff, sondern um einen hochwertigen Duroplast-Werkstoff handelt. Auch hier müssen Sie als Vertragswerkstatt diesem Problem besondere Aufmerksamkeit widmen.

Die Frage der Instandsetzungsmöglichkeit der Karosserie wird reger Gesprächsstoff sein. Damit Sie hierüber und über alle technischen Einzelheiten orientiert sind, übermitteln wir Ihnen in der Anlage eine Reparaturanleitung, die Ihnen auf betrieblicher Ebene jeden Aufschluß gibt. Sie ersehen daraus, daß ohne weiteres die Möglichkeit besteht, den neuen Werkstoff instand zu setzen. Auch über die Ausführung der Lackierarbeiten enthält die Anleitung eine für Sie interessante Abhandlung.

Da der Werkstoff nicht geschweißt, sondern nur geklebt werden kann, halten wir es, sofern in Ihrer Werkstatt Karosseriereparaturen durchgeführt werden, für erforderlich, daß Sie sich eine kleine Menge Klebstoff auf Lager legen. Wir erwarten hierüber Ihren Auftrag.

-2-

Für den P 70 gab das Automobilwerk Zwickau bis 1958 ca. 40 Rundschreiben an Handel und Kundendienst heraus, alle mit einheitlichem Logo.

seinem Wechsel zum AWZ wurde Albert Locke im Gegenzug nach Karl-Marx-Stadt zurückbeordert.

Die Maßnahmen, die noch 1955 unter Orth am P 70 wirksam wurden, können eigentlich nicht der Rubrik Modellpflege zugeordnet werden. Es ging vielmehr darum, Mängel abzustellen und fest geplante, aber bisher nicht lieferbare Teile zu integrieren. Der P 70 musste zudem für 1956 exportfähig gemacht werden. Theoretisch waren ja die 1955 ausgelieferten Wagen noch Vorserienmodelle. In der DDR musste die Serienfertigung von Kraftfahrzeugen ministeriell abgesegnet werden. Auf Grund der vielen Unzulänglichkeiten in der Anfangsphase bat Werkdirektor Heinz Probsthahn erst in einem Brief vom 11. Januar 1956 um die Freigabe der Serienproduktion, die schließlich am 19. Juni des Jahres (!) vom Minister für allgemeinen Maschinenbau erteilt wurde.

Nachfolgend die Änderungen, die seit Serienbeginn vorgenommen und nur teilweise in den knapp 40 Rundschreiben, die es zu diesem Wagen gab, für Händler und Werkstätten bekannt gemacht wurden. Die Zusammenstellung, in Modelljahre geteilt, erhebt keinen Anspruch auf Vollständigkeit. Hier nicht genannte Modifikationen können jedoch als nicht wesentlich oder aus heutiger Sicht nicht mehr von Interesse betrachtet werden.

1956

- Ab Wagen 70 182 fanden die gleichen Lenkerarme wie am F 9 Verwendung. Ab Fahrgestellnr. 72 209 zierte ein zusätzliches Fernthermometer das Armaturenbrett.
- Ab Fahrgestellnr. 72 469 wurde die hinter dem Kühlerblock angebrachte Warmluftheizung (Kühlwasserheizung) durch die traditionelle, aber verbesserte Krümmerheizung ersetzt.
- Ab Fahrgestellnr. 72705 erhielten die Limousinen neue, ovale Blinkschlussleuchten. Der Kombi behielt die alten kantigen Rückleuchten bis zum Schluss.

Der Fahrschemel des P 70 mit verstärkten F-9-Lenkerarmen.

- Über mehrere Wochen erstreckte sich im Frühjahr 1956 die Einführung des neuen Flachstromvergasers H 321, da entweder nicht kontinuierlich geliefert werden konnte oder Materialfehler vorlagen.

Ebenfalls ohne konkrete Datumsangaben oder Fertigungsnummern wurden nach und nach, getrennt nach Export- und Inlandsmodellen, durch Aufbrauchen vorhandener Lagerbestände folgende wichtige Änderungen ab dem späten Frühjahr 1956 eingeführt:

- Versenkter äußerer Türgriff mit Zugmechanismus (»Kupelgriff«)
- Dreh-Ausstellfenster hinter der A-Säule – dadurch Verlegung des Schiebefensters in die hintere Hälfte des Türfensters.
- Neue, nur leicht veränderte Armaturentafel (vereinfachter Radioeinbau) mit einem Kombiinstrument, das neben der Fernlichtkontrolle jetzt auch die Kühlwasseranzeige enthielt.

Prospektabbildungen von 1956: Während die normale Limousine in der Regel einfarbig ausgeliefert wurde (ausgenommen Exportfahrzeuge), war die Faltdach-Limousine meist zweifarbig lackiert.

Neue Rückleuchten, versenkte Türgriffe und ein Dreh- und Ausstellfenster hinter der A-Säule waren die äußerlichen Änderungen im Jahre 1956.

Der Kombi behielt bis zum Schluss die kleinen Rückleuchten der ersten Generation.

Kurz vor Jahresfrist 1956 wurde der 8000. P 70 aus der Montagehalle gerollt.

- Die Aluminiumzierleisten am unteren Rand der Karosserie wurden verbreitert und mit einer Gummieinlage versehen.
- Diese Änderungen zogen sich bis zum Herbst 1956 hin. Ab September lag eine Ersatzteileliste für F 8 und P 70 vor.
- Ab Fahrgestellnr. 75 481 wurde eben diese Nummer nicht mehr auf dem rechten Rahmenlängsträger, sondern oben auf dem Vorderfederträger eingeschlagen.

1957

- Ab Fahrgestellnr. P 70 K 81 050 gab es für den Kombi ein neues hinteres Auspuffrohr. Es wurde nun zur linken Seite des Fahrzeughecks geführt.
- Ab gleicher Fahrgestellnummer (15. 10. 1956) wurden für Kombi und Limousine neue Scheibenwischerfahnen in Parallelausführung eingesetzt.
- Ab Juni 1957 war die Karosseriebefestigung am vorderen Rahmen geändert. Karosserien ab dieser Zeit konnten nur noch auf den geänderten Rahmen gesetzt werden.
- Ebenfalls im Frühsommer (bei einigen Wagen auch schon früher) änderte sich die Reserveradunterbringung der Limousine. Das bis dahin in einer Schale unter dem Heck befestigte und mit einem Klappmechanismus zu lösende Reserverad wurde an gleicher Stelle in einer Mulde, einem geschützten Fach, untergebracht. Es konnte nach Abnahme des Mittelteils der hinteren Stoßstange herausgezogen werden. Kombi und Coupé besaßen diese Variante von Anfang an, wobei beim Coupé das Mittelstück durch Scharniere herunterzuklappen war.

Wie am Kombi konnte ab etwa Juni 1957 auch das Reserverad der Limousine durch Abnehmen des Stoßfängermittelteils erreicht werden.

- Zum Jahresende 1957 konnten endlich Moosgummiprofile zur Abdichtung der Karosserie verwendet werden. Schon seit der Vorserienfertigung waren die Zwickauer bemüht gewesen, weichere Gummis zur Tür- und Fensterabdichtung im DDR-Sortiment zu finden, da immer wieder Reklamationen wegen Undichtigkeiten in der Kundendienstabteilung eingingen.

1958

Die Möglichkeiten zu Modifikationen an Trieb- und Fahrwerk sowie der Karosserie waren weitgehend ausgereizt. Exakt 20 Jahre, nachdem die F-8-Vorserienwagen bei DKW gebaut wurden, gab das Konzept nichts mehr her, und der P 70 wurde in der heißen Phase der Serienvorbereitung des P 50 immer

Das Modelljahr 1957 war äußerlich durch die parallel geführten Scheibenwischerfahnen gekennzeichnet.

Antriebs- und fahrwerksmäßig war das Konzept des P 70 1958 ausgereizt. Was nicht hieß, dass die Bastler in der DDR nicht doch noch für »Verbesserungen« sorgen konnten.

■ *Ein Filmstar: Für den 1957 erschienenen DEFA-Film »Rivalen am Steuer« wurde dieses P 70 Coupé neugestaltet.*

Die Presse im Westen

Der neue PKW mit seinem Kunststoffkleid wurde einerseits in der gesamten Presselandschaft der DDR gefeiert, andererseits wurde aber – speziell in der Fachpresse – auch nicht mit Kritik gespart. Zu dieser Zeit war das durchaus noch möglich. Besonders die *KFT* (Kraftfahrzeugtechnik) konnte sich nie mit dem P 70 anfreunden, huldigte aber dann später 25 Jahre lang jeder neuen Schraube am Trabant 601.

Aber die Kunststoff-Karosserie des P 70 schaffte es auch, dass erstmals die Printmedien im anderen Teil Deutschlands auf den DDR-Automobilbau aufmerksam wurden, oder besser gesagt, sich einfach nicht mehr an ihm vorbei mogeln konnten. Denn bis dato hatte man die PKW aus der »Sowjetzone« mehr in eine Nebenrolle gedrängt. Der »Ablösetyp«, der nun dem »Zwischentyp« folgte, lief ab Sommer 1958 vom Band. Trotzdem blieb der P 70 weiterhin mit seinen drei Varianten im Programm.

- Letzte technische Änderung im Januar 1958: Zur Behebung von Schaltschwierigkeiten des ersten und des Rückwärtsgangs wurde eine so genannte Kupplungsbremse eingebaut. Diese Bremse sorgte für absoluten Stillstand der Kupplungs- und Vorgelegewelle vor dem Anfahren bzw. Einlegen eines der genannten Gänge. Die häufigen Schaltschwierigkeiten des P 70 waren trotzdem bis zum Schluss nicht völlig beseitigt.

Schon im März 1958 verkündete das Automobilwerk Zwickau offiziell in einer Pressenotiz das Ende der P-70-Produktion nach Anlauf der Trabantfertigung im Juli. Tatsächlich wurde der P 70, wie schon angedeutet, weiter gebaut und erlebte 1958 mit 11 466 Einheiten sogar sein stärkstes Jahr. Da eine Kombiversion des Trabant erst später erschien, lag auf dieser Ausführung des P 70 das Hauptaugenmerk. Aber auch Limousinen und vor allem Coupés wurden bis weit ins Jahr 1959 hinein gebaut. Rund 4000 P 70 waren es dann in diesem letzten Jahr noch. Erst im Juni 1959 gab eine knappe Pressemitteilung die endgültige Einstellung der P-70-Produktion im VEB Sachsenring Automobilwerke Zwickau bekannt.

■ *Quer durch die Presselandschaft feierte man in der DDR den »neuen« PKW aus Zwickau. Hier die Titelseite der **Berliner Illustrierten** von Ende August 1955.*

schlichtweg ignoriert, was einerseits eine Folge des kalten Krieges war, andererseits hatte man im Osten aber auch noch nichts großartig Neues zustande gebracht. Nun, mit der Präsentation des P 70 und wenig später des Wartburg auch auf internationalen Automobil-Ausstellungen, hielten westliche Journalisten die Ostprodukte in ihrer Fachpresse für wenigstens erwähnenswert.

In der *Motor-Rundschau* Nr. 19 vom 10. Oktober 1955 gab es sogar fast eine ganze Seite unter der Überschrift »Der P 70 – ein Kunststoffwagen aus Zwickau«. Nachfolgend einige Auszüge: »... umso überraschender kam es für die Fachwelt und die breite Öffentlichkeit, als die ›Audi-Werke‹ in Zwickau/Sachsen (früher zur Auto Union gehörend und heute VEB) auf der Leipziger Herbstmesse 1955 erstmalig in Deutschland einen PKW mit serienmäßig hergestellter Kunststoffkarosserie zur Schau stellten. Das äußere Erscheinungsbild dieses Wagens ... lehnt sich überraschend stark der international gebräuchlichen Pontonform an ... Aber nicht nur optisch steht dieses revolutionäre Fahrzeug seinen ›Stahlblechkollegen‹ gleich, sondern wie man uns an Hand von Versuchen versicherte, ist auch die Haltbarkeit dem Stahlblech gleich und in mancher Hinsicht sogar überlegen ... So zweckmäßig auch die Kunststoffkarosserie sein

Neuheiten-Rundschau

Der „P 70“ ein Kunststoffwagen aus Zwickau

Allgemein bekannt ist, daß man, so lange es schon Kunststoff gibt, diesen auch für den modernen Automobilbau, insbesondere die Aufbauten, verwenden möchte. Man erhofft sich dadurch erstens Gewichtsersparnis, die zur Energieersparnis führen soll, und zweitens Senkung der Herstellungskosten des Fahrzeuges. So erklärt es sich auch, daß man gerade in letzter Zeit immer wieder auf den internationalen Automobilausstellungen Modelle von Fahrzeugen mit Plastik- bzw. Kunststoffkarosserien antraf. Allerdings verschwanden diese, mit viel Reklameaufwand angekündigten Modelle immer wieder kurze Zeit später in der Versenkung, und von einer wirklichen Serienherstellung solcher Fahrzeuge hörte man recht wenig.

Um so überraschender kam es für die Fachwelt und die breite Öffentlichkeit, als die „Audi-Werke“ in Zwickau/Sachsen (früher zur Auto Union gehörend und heute VEB) auf der Leipziger Herbstmesse 1955 erstmalig in Deutschland einen Pkw mit serienmäßig hergestellter Kunststoffkarosserie zur Schau stellten.

Foto Wörner

Das äußere Erscheinungsbild dieses Wagens — genannt "P 70 Zwickau" = Pkw mit 700 ccm aus Zwickau — lehnt sich überraschend stark der international gebräuchlichen Pontonform an, und geht in seiner technischen Grundkonstruktion auf den bewährten F 8 Zweitakt-Zweizylinder Frontantrieb-Wagen zurück. Äußerlich ist der Kunststoffwagen kaum von einem Stahlblechfahrzeug zu unterscheiden. Aber nicht nur optisch steht dieses revolutionäre Fahrzeug seinen „Stahlblechkollegen“ gleich, sondern wie man uns an Hand von Versuchen versicherte, ist auch die Haltbarkeit dem Stahlblech gleich und in mancher Hinsicht sogar überlegen, weil der verwendete Plastikstoff viel elastischer ist, als das gebräuchliche Stahlblech. Mit anderen Worten, eine kleine Karambolage bringt keine Beulen, wie bei einer Blechkarosserie, sondern der Kunststoff gibt federnd nach. Größeren Zusammenstößen ist allerdings auch der Kunststoff nicht gewachsen. In solchen Fällen reißt er. Aber es tritt nur eine Rißwirkung und keine Splitterwirkung auf.

Da das Fahrzeug in Schalenbauweise hergestellt ist, können die beschädigten Teile relativ schnell und einfach ersetzt werden. Zusammengehalten werden die einzelnen Schalenteile durch einen Spezialkleber, wobei durch Aluminiumbänder an den Stößen der Schalenteile ein Arbeiten der Teile in sich verhindert werden soll.

So zweckmäßig auch die Kunststoffkarosserie sein mag, im vorliegenden Falle erscheint uns dieser Weg insofern nicht ganz gelungen, als gerade einer ihrer Hauptvorteile, nämlich die Gewichtsersparnis, noch nicht vollkommen erreicht zu sein scheint. Wohl sind die einzelnen Schalenteile vergleichsweise zu den entsprechenden Teilen aus Stahlblech wesentlich leichter. Im Gesamtgewicht macht sich jedoch diese Ersparnis wenig bemerkbar, da man diesen Gewinn durch ein notwendiges Spantensystem fast völlig wieder einbüßt. Und auch die Ersparnisse in den Herstellungskosten scheinen noch nicht überzeugend zu sein. Wohl ist uns nicht der Dollarpreis für den internationalen Markt bekannt, aber der Verkaufspreis von ca. 9000,— DM (Ost) auf dem ostdeutschen Inlandsmarkt erscheint uns unter den gegebenen Verhältnissen noch immer zu hoch.

Über die Fahreigenschaften dieses Wagens vermögen wir leider nichts zu sagen, da wir keine Gelegenheit hatten das Fahrzeug praktisch zu erproben. Technisch ist der „P 70“, wie schon oben angedeutet, eine Weiterentwicklung des F 8. Die im Katalog angegebenen 22 PS erscheinen uns, am internationalen Maßstab gemessen, etwas zu schwach. Aber auch die angegebene Höchstgeschwindigkeit von ca. 90 km/h dürfte für diese Wagenklasse kaum ausreichend sein. Der Kraftstoffnormverbrauch ist katalogmäßig mit 7,0 Liter/100 km angegeben.

Für ein Exportmodell läßt die Ausarbeitung der Details zu wünschen übrig. Der internationale Käufer ist nämlich gerade in Kleinigkeiten sehr verwöhnt. Wohl ist der Wagen mit einer serienmäßig eingebauten Heizung und einer Entfrosterdüse ausgestattet. Aber nicht versenkte Scharnierbeschläge und hervorstehende Türklinken wirken störend, ebenso der nur von innen zu erreichende Kofferraum. Und auch die schmalbrüstige Polsterung — um Platz zu gewinnen — ist etwas dürftig. Warum man das Reserverad unter dem Heck anbrachte und diese Anbringung noch besonders im Katalog lobend hervorhebt, bleibt unverständlich. Ebensowenig vermag die moderne Blinkanlage über die Mängel bei dem Öffnen der Seitenscheiben (in den Türen) hinwegzutäuschen. Ein größeres Panorama — Heckfenster, der modernen Linie entsprechend, wäre vorteilhaft.

Jedoch darf und kann man nicht, trotz dieser und anderer Mängel, die zu beseitigen eigentlich möglich sein müßte, übersehen, daß mit diesem Erzeugnis der Audiwerke eine fortschrittliche Leistung im Karosseriebau vollbracht wurde.

Kl. K.

Feuer- und Diebstahlschutz durch Bosch-Batterie-Hauptschalter

Die Techniker von Bosch hatten einen kleinen automatischen „Schutzmann“ für Kraftwagen geschaffen, der die Folgen eines Kurzschlusses in den Leitungen zwischen der Batterie und dem Anlasser sowie dem Schaltkasten bei einem abgestellten, unbewachten Fahrzeug verhindert. Außerdem ist der Bosch-Batterie-Hauptschalter, meist unter der Instrumententafel eingebaut, zugleich ein wirksamer Diebstahlschutz, da sein Hebel abgezogen werden kann und die Anlage dann stromlos ist. Auch eine unerwünschte Batterieentladung durch Defekt in der elektrischen Anlage des Fahrzeugs kann dieser Schalter verhindern. Es gibt ihn in verschiedenen Ausführungen für Pkw und Lkw, für 6, 12 und 24 Volt Spannung.

■ *Auszug aus der Motor-Rundschau Nr. 19 vom 10. Oktober 1955.*

Der Kleinwagen von drüben:

P 70 ZWICKAU

Größenmäßig fällt er etwas aus unserem Interessenrahmen heraus, denn er hat 700 ccm — genau 690 ccm. Es ist aber doch recht wichtig zu wissen, was sich in Richtung Kleinwagen in der Deutschen Demokratischen Republik tut, und überdies ist der P 70 ein alter Bekannter in neuem Gewand: das Fahrwerk ist fast unverändert, das gleiche wie beim DKW F 8, der als „Reichsklasse" mit 600 ccm und als „Meisterklasse" mit 700 ccm einer der beliebtesten Vorkriegswagen war, und der heute noch viele begeisterte Freunde hat. Er wurde in der DDR noch bis in die letzten Jahre hinein gebaut, konnte aber natürlich mit modernen Wagen nicht mehr konkurrieren, und auch der neue P 70 ist mit 22 PS bei ca. 800 kg fahrfertigem Gewicht (zul. Gesamtgewicht ca. 1120 kg) kaum international konkurrenzfähig.

Er wird deshalb auch nur als Zwischentyp betrachtet, bis der eigentlich projektierte Kleinwagen Typ 50 serienreif ist, ein Viersitzer mit luftgekühltem 500 ccm-Zweitakter von ca. 18 PS, der ca. 600 kg wiegen und ca. 85 km/h laufen soll. Bis zum Abschluß der Vorarbeiten zu diesem Typ werden aber wahrscheinlich noch ein bis zwei Jahre hingehen, und bis dahin muß der P 70 genügen.

Der P 70 wäre bei diesen Gegebenheiten als eine lediglich innerhalb der DDR besonders interessante Neuentwicklung anzusprechen, wenn er nicht eine K u n s t s t o f f - K a r o s s e r i e hätte. Man arbeitet in der DDR schon seit langem mit besonderer Intensität auf diesem Gebiet, da starke Schwierigkeiten in der Beschaffung von Karosseriebiechen bestehen. Es wäre jedoch nicht der erste Fall, daß aus der Not eine Tugend gemacht würde, und der P 70 ist tatsächlich der erste deutsche Gebrauchswagentyp mit serienmäßiger Kunststoffkarosserie, so daß ihm allein dadurch ein Platz in der Automobilgeschichte sicher ist. Aus diesem Grunde bedauern wir auch, den neuen Typ nicht einmal fahren zu können, denn gerade bei Kleinstwagen und Mobilen dürfte die Verwendung von Kunststoffen eine Zukunft haben, auch wenn heute noch neben technischen auch preisliche Schwierigkeiten bestehen. Der „Spatz" zeigt aber immerhin, daß auch bei uns der Schritt zur neuen Lösung gewagt wird.

Hört man im übrigen von den Schwierigkeiten, mit denen man sich angesichts der besonderen wirtschaftlichen Verhältnisse in der DDR bei der Entwicklung eines neuen Fahrzeugtyps auseinandersetzen muß, so kann man die Leute „drüben" jedenfalls uneingeschränkt zu ihrem neuen Kleinwagen beglückwünschen — auch wenn er voraussichtlich 9500 DM Ost kosten wird . . .

Und nun noch ein paar Hinweise für technisch Interessierte: Hinterradfederung mit „Schwebeachse" und Vorderradfederung mit Querfeder oben und Schwinghebeln unten wurden von dem F 8 beibehalten, der Radstand wurde um 220 mm auf 2380 mm verringert, da der Triebwerksblock jetzt vor der Vorderachse liegt — das Aggregat ist um 180° gegenüber früher gedreht, die Kupplung liegt jetzt also rechts in Fahrtrichtung, die Dynastartanlage links, der Kühler liegt hinter dem Motor. 2 Zylinder mit Flachkolben, drei Gänge mit der bekannten Knüppelschaltung, 22 PS und eine Spitzengeschwindigkeit von 90 km/h bestätigen, daß man es mit einer etwas stärkeren Ausführung des F 8 zu tun hat. Die ausführlichen technischen Daten und noch einige Fotos finden Sie in Heft 21 unserer Schwesterzeitschrift „das AUTO" *Si*

■ *Aus Rollerei und Mobil Nr. 12 vom 24. November 1955.*

mag, im vorliegenden Falle erscheint uns dieser Weg insofern nicht ganz gelungen, als gerade einer ihrer Hauptvorteile, nämlich die Gewichtsersparnis, noch nicht vollkommen erreicht zu sein scheint. ... Die im Katalog angegebenen 22 PS erscheinen uns, am internationalen Maßstab gemessen, etwas zu schwach. Aber auch die angegebene Höchstgeschwindigkeit von ca. 90 km/h dürfte für diese Wagenklasse kaum ausreichend sein. ... Für ein Exportmodell lässt die Ausarbeitung der Details zu wünschen übrig. ... Wohl ist der Wagen mit einer serienmäßig eingebauten Heizung und einer Entfrosterdüse ausgestattet. Aber nicht versenkte Scharnierbeschläge und hervorstehende Türklinken wirken störend, ebenso der nur von innen zu erreichende Kofferraum. ... Warum man das Reserverad unter dem Heck anbrachte, und diese Anbringung auch noch besonders im Katalog hervorhebt, bleibt unverständlich. ... Jedoch darf und kann man nicht, trotz dieser und anderer Mängel, die zu beseitigen eigentlich möglich sein müsste, übersehen, dass mit diesem Erzeugnis der Audiwerke eine fortschrittliche Leistung im Karosseriebau vollbracht wurde.«

Die Zeitschrift *Rollerei und Mobil* schrieb in ihrer Ausgabe Nr. 12 von 1955: »... Der P 70 ist tatsächlich der erste deutsche Gebrauchswagentyp mit serienmäßiger Kunststoffkarosserie, so dass ihm allein dadurch ein Platz in der Automobilgeschichte sicher ist.«

Weitere Motor-Zeitschriften schrieben zu kurzen Vorstellungen des P 70 im Herbst 1955 ähnliches. Sogar auf der »Insel«

Bil EKOnomi (Schweden) 11/55 S.10-13

Tillverkningen av nya IFA med kaross i duroplast är i full gång och här visar en rad vagnar upp sin enkla men samtidigt tilltalande front, utanför fabriken.

TILLÖKNING I IFA-FAMILJEN

IFA-familjen, som tidigare omfattat två modeller F8 och F9 har fått ett intressant tillskott. Nyligen kunde fabriken presentera en vagn med kaross i duroplast och därmed har IFA kommit först med plastkarossen i större serietillverkning. Än så länge har vi inte haft tillfälle att göra direkt bekantskap med vagnen men det uppges, att omfattande prov visat, att den lätta karossen tål mycket stora påfrestningar. Det rör sig fortfarande om en vagn i småbilsklassen men utrymmena är mycket väl tillvaratagna och fyra personer åker bekvämt i den. Motorn är densamma som i F 8 men den har trimmats upp två hästkrafter från 20 till 22 hk. Instrumentering o.dyl. är också baserad på F 8 men har fått ett elegantare och merpåkostat utförande. När vagnen kommer till Sverige och vad den skall kosta här vet man ännu inte.

Nya IFA har liksom F8 och F9 framhjulsdrift. Den tvåcylindriga motorn ligger mycket lättåtkomlig eftersom man bl.a. kan ta bort hela fronten på vagnen.

För att spara utrymme i bagagerummet har man placerat reservhjulet i ett speciellt fack under vagnen. Det är ju ingen direkt nyhet men en ganska praktisk lösning under förutsättning att reserven, som här, ligger ordentligt skyddad.

Auch die schwedische Zeitschrift Bil EKOnomi befasste sich in ihrer Ausgabe vom November 1955 ausführlich mit dem neuen Kunststoff-Automobil aus der DDR.

nahm man die Neuentwicklung aus Ostdeutschland zur Kenntnis. So schrieb die Zeitschrift ***Plastics*** 1958: »Bei uns und in den USA ist über Automobilkarosserien aus Plaststoff schon viel gesagt und geschrieben worden, ohne dass man ein sichtbares Ergebnis auf der Straße zu sehen bekommt. Ich war deshalb ganz überrascht, in der DDR einen Wagen zu finden, dessen Plastkarosserie in Serienfertigung hergestellt wird. Die Überraschung war umso größer, als ich entdeckte, dass diese Karosserie nicht aus Glasfaser und Polyester, sondern aus baumwollgefülltem Phenolharz hergestellt war.«

Gleich vier Seiten widmete die dänische Zeitung ***Teknikens Värld*** in ihrer Ausgabe 20/56 dem P 70 und stellt einen sehr objektiven Testbericht vor. Unter anderem gibt sie folgende Bewertungen ab:

»Zensur-Skala:

3 = sehr gut,

2 = gut,

1 = weniger gut.«

Einstellung des Fahrersitzes: 2

Einstellung von Wärme und Ventilation: . 2

Kühlflüssigkeitsnachfüllung: 3

Batterie: 3

Zündkerze: 3

Stromverteiler: 2

Vergaser: 1

Luftfilter: 1

Besonders gut: Vorderradantrieb und die quer gestellten Blattfedern machen den Wagen sicher auf der Fahrbahn. Die Einrichtung ist relativ zierlich. Die Schwenkfenster sind zugfrei. Die Plastkarosserie ist bei gewissen Schäden unempfindlicher als Blech.

Weniger gut: Geräuschpegel ist zu hoch. Die Steuerung erfordert viel Kraft. Die steife Motoraufhängung verursacht bei höheren Geschwindigkeiten starke Vibrationen. Gepäckraum nicht von außen - daher schwer zugänglich.«

In vielen weiteren ausländischen Fachzeitschriften fand der P 70 durchaus positive Beachtung, mehr, wie man in Zwickau etwas verschnupft meinte, als in der heimischen Presse.

benwischer und vier Entfrosterschlitze garantieren, daß man bei jedem Wetter klare Sicht hat. Der Kofferraum ist jetzt noch geräumiger und bietet mit über ½ m³ Platz für das Gepäck einer großen Familie. Das Fassungsvermögen des Tanks ist 52 Liter.

Die Leistung des obengesteuerten 2½ Litermotors wurde durch eine Erhöhung der Verdichtung auf 7,5 : 1 und durch Einbau eines Zenith-Vergasers auf 78 PS gebracht. Der ruhige Lauf des Motors wird durch einen Schwingungsdämpfer erhöht,

Die Wartburg de Luxe-Limousine beim Concours d'Elegance in Wien am 25. Mai 1957. Bild links unten: Das Luxus-Coupé des IFA-P 70 und rechts: Der Wartburg-Seriensportwagen mit abgenommenem Dach.

Zwei neue Sportwagen und eine de Luxe-Limousine aus der DDR

Sowohl das VEB Automobilwerk Eisenach als auch das Automobilwerk AWZ, Zwickau, brachten in Erweiterung ihres Produktions-Programms neue Coupés heraus. Das Eisenacher Automobilwerk hat ihre „Wartburg"-Serie durch einen rassigen Serien-Sportwagen von betonter Eleganz erweitert. Der 900 ccm-3-Zylinder-Zweitakt-Motor wurde für den Einbau in den Sportwagen mit zwei Vergasern ausgerüstet. Die Leistung beträgt cca. 50 PS bei 4200 U/min, das maximale Drehmoment etwa 9 mkg bei 3750 U/min. Das Vierganggetriebe ist vollsynchronisiert. Die Spitzengeschwindigkeit liegt bei etwa 140 km/h. Das Verdeck ist versenkbar und das Coupédach, das als Stahldach und als Allwetterdach geliefert wird, läßt sich, dank zweckmäßiger Schnellverschlüsse, leicht abnehmen. Die Gesamtlänge dieses zweisitzigen Sportwagens beträgt 4300 mm, die Breite 1570 mm und die Höhe 950 mm bis zur Unterkante der Windschutzscheibe, bzw. 1350 mm das Coupédach eingeschlossen. Der „Wartburg" als Sportwagen wird bereits im August in Österreich lieferbar sein und S 70.000.— bis S 72.000.— kosten.

Für das Coupé des Typs „P 70" vom Automobilwerk AWZ, Zwickau, ist der robuste 2-Zylinder-Zweitakt-Motor von 690 ccm mit einer Leistung von 22 PS beibehalten worden. Die Höchstgeschwindigkeit beträgt 95 km/h, der Kraftstoff-Normverbrauch 7 Liter für 100 km. Die Karosserie wird auf der Basis der bekannten Mischbauweise unter gleichzeitiger Verwendung verschiedener Metallbauelemente hergestellt. Die Außenhaut besteht aus Duroplast-Karosseriebaustoff. Die aus Sicherheitsglas hergestellten Tür- und Fondscheiben sind versenkbar und werden mittels Kurbelmechanismen betätigt. Das Coupé Typ „P 70" bietet zwei erwachsenen Personen bequeme Sitzmöglichkeit, dazu kommen noch zwei Notsitze. Der geräumige, beleuchtbare Kofferraum ist von außen durch eine Klappe zugängig und bietet für die Reise Unterbringungsmöglichkeit für reichhaltiges Gepäck. Dazu steht auch der hinter den Sitzen liegende freie Raum als zusätzliche Ablage für weiteres Gepäck zur Verfügung. Das „P 70"-Coupé soll schon in Kürze erhältlich sein und dürfte rund S 35.000.— kosten.

Dagegen ist die neue Wartburg de Luxe-Limousine bereits jetzt schon lieferbar. Dieser Wagen, der kürzlich in Wien im Concours d'Elegance den ersten Preis seiner Klasse errang, und sich motorisch von der Standard-Limousine nicht unterscheidet, ist serienmäßig mit Klima-Anlage, Liegesitzen, Plüsch-Bodenbelag, einem Drucktasten-Auto-Super ausgestattet und wird in abgesetzter Zweifarbenlackierung mit reicher Chromverzierung geliefert. Der Preis der Luxus-Limousine beträgt S 42.500.—.

„Fahrzeug-Revue"-Wien, Jahrg. XIII/107

*Eine Vielzahl ausländischer Fachzeitschriften - wie die **Fahrzeug-Revue** aus Österreich - nahm sich der neuen DDR-PKW an.*

Achtung

Die Duroplastteile-Fertigung wird optimiert

Noch einmal zurück zum Ur-P-50. Am meisten verärgert über die schleppende Entwicklung war das Pressstoffkollektiv. Abgesehen von den Presswerkzeugen, an denen Alfred Schädlich beinahe Tag und Nacht arbeitete – insgesamt waren fünf Werkzeugkonstrukteure und 25 Werkzeugmacher beteiligt –, waren die Entwicklungsarbeiten weitgehend abgeschlossen. Direktor Sonntag gab am 1. September 1954 zu Protokoll: »Wer gibt uns die Gewähr, dass es der Auto Union im Westen Deutschlands nicht gelingt, in der Zwischenzeit mit etwas Neuem herauszukommen? Wer gibt uns die Gewähr, dass nicht der eine oder andere Mitarbeiter des Pressstoffkollektivs resigniert und dorthin geht, wo er annimmt, die Früchte seiner Arbeit ernten zu können?«

Der STM III, ein Viersitzer-Kleinwagen mit Kunststoffkarosserie, war bei der Auto Union 1954/55 zur Serienreife gelangt.

Diese Frage stellte Sonntag vor dem Hintergrund eines in Ingolstadt bei der Auto Union vor der Serienreife stehenden neuen Kleinwagens mit Kunststoffkarosserie (zu dem es freilich durch ein Veto des neuen Hauptaktionärs, des »stahlverbundenen« Friedrich Flick, nicht kam).

Die Lackierung

Mit der Umstellung auf den P 70 kam dann doch wieder Bewegung in die Pressstoff-Abteilung, und neue Lösungen waren gefragt. Das schon seit Auto-Union-Zeiten bestehende Problem der Lackierung der Plastikteile war immer noch nicht vollständig gelöst, ebenso wie die Befestigung der Kunststoffkarosserieteile am Gerippe des Fahrzeugs. Hier befriedigende Lösungen herbeizuführen, war die Aufgabe von Werner Reichelt, der unter anderem dafür Ende 1952 mit in die Pressstoffgruppe integriert worden war. Zusammen mit der Lackfabrik Leipzig-Leutzsch arbeitete er an einem speziellen Haftgrund für die glatten Duroplast-Flächen. Das Ergebnis war schließlich eine Farbe auf Polyvinyl-Basis, die, als Grundfarbe gespritzt, einen weiteren Lackaufbau mit damals immer noch üblichen Nitrolacken erlaubte. Konkret sah es dann so aus, dass erst eine so genannte Vinoflex-Grundierung (hellgrau), gespritzt wurde, auf die dann nach ca. zwei Stunden Trockenzeit (normale Lufttrocknung) der spezielle Thermoplast-Haftgrund (gelb) aufgetragen wurde. Danach gab es dann im Nitrolack-Verfahren Spritzspachtel, Ziehspachtel, Füller und schließlich den Lack. Eine aufwändige Angelegenheit! Darum war bei Audi auch viel Geld in die Lackiererei gesteckt worden. Allerdings wurden die meisten Karosserien später vom VEB Karosseriewerk Dresden (vormals Gläser) bereits lackiert in Zwickau angeliefert.
Nach Beginn der Serienproduktion rissen die Reklamationen bezüglich der Lackierung nicht ab. Erst nach Einführung einer wiederum in der Lackfabrik Leipzig entwickelten Kunstharzlackierung ab Mai 1956 konnte eine gute Lackhaftung auf dem Duroplastmaterial gesichert werden.
Anfangs wurde die Lackoberfläche oft auch durch Samenkapselquellungen der Baumwolle zerstört. Die Karosserie blühte im wahrsten Sinne des Wortes. Die Verwendung ausschließlich samenkapselfreier Baumwolle ab Juni 1956 beendete das Problem.
Eine bis Ende des gleichen Jahres immer wieder aufgetretene Fleckenbildung auf der Lackoberfläche wurde im Herbst 1956 mehr durch Zufall dadurch abgestellt, dass vom Phenolharz auf Novolackbasis (stark alkalisch) zu einem Resoltyp (chemisch neutral) übergegangen wurde.

Die Befestigung

Die Kunststoffteile wurden zunächst da, wo sie durch Zierleisten abgedeckt waren (Fahrzeugunterkante inklusive der Radausschnitte, Mittellinie und Dach), an das Holzgerippe der Karosserie geschraubt (an Metallbeschlägen auch genietet). Im Bereich der Tür und der Motorhaubenfugen mussten die Teile mit versteckten Halterungen befestigt werden. Bei der ersten Methode, die bis Ende 1955 zur Anwendung gekommen war, wurden Blechfalze um die zu befestigende Kante des Pressteils gedrückt, die dann an den Karosserieträger geschraubt wurden. Der große Nachteil ergab sich aus den außen sichtbaren, ca. 8 mm überstehenden Blechen, deren Enden oft nicht den optimalen Übergang zum Kunststoff gewährleisteten; die

Lackierung riss an diesen Stellen und das Blech fing an zu korrodieren. Da es in der DDR zu dieser Zeit an geeigneten Klebstoffen, die ein Kleben von Falzen direkt auf die Kunststoffteile möglich machten, fehlte, blieben dem späteren Doktor Ing. Reichelt die Hände vorerst gebunden.
Aber die Verbindung mittels Blechfalz, die anfänglich genutzt wurde, konnte vor allem dem ausländischen Publikum so nicht präsentiert werden. So traten für das Modelljahr 1956 Duroplastwinkel an die Stelle der Blechfalze, die beim Pressen direkt an die Karosserieteile geklebt wurden. Das Verfahren war aber hinsichtlich des Pressvorgangs problematisch.
Eine bessere Lösung führte man Ende 1956 ein. Jetzt wurde ein zusammengefaltetes Alublech aufgepresst und nach dem Pressvorgang aufgerichtet. Für den festen Halt zwischen Alublech und Pressteil sorgte ein Hartgummiklebstoff (Plastikator) aus DDR-Produktion. Das war nun die bis dahin zweifellos beste Methode, Verbindungselemente dauerhaft und unsichtbar an die entsprechenden Duroplastteile zu bringen, zumal auch das Werkzeug mit dem Gummidruckstempel einfacher gestaltet werden konnte. Die Technik bewährte sich bis zum Ende der P-70-Produktion und darüber hinaus.
Bei der Einführung des Trabant war die chemische Industrie der DDR dann in der Lage, Komponentenkleber herzustellen, die es ermöglichten, bei den P-70-Nachfolgern mehr auf Klebeverbindungen zu setzen.

Eine von den Sowjets als Reparationsgut requirierte, dann in einem Wald bei Niesky in der Lausitz zurückgelassene 5000-t-Presse der Firma Becker & van Hüllen war für die ersten Jahre der Duroplastteile-Herstellung unentbehrlich. Die Presse hatte sich für eine Bahnverladung in Richtung UdSSR offenbar als zu schwer erwiesen.

Die Pressen

In einer Besprechung am 29. Juli 1955, wenige Tage vor dem offiziellen Serienanlauf des P 70, wurde festgestellt, dass die einzige Presse, die für die Großteile wie Dach, Heck und Motorhaube zur Verfügung stand (es handelte sich um die im Wald bei Niesky gefundene Becker & van Hüllen 5000-t-Presse, die jedoch in Zwickau auf 3000 Tonnen gedrosselt worden war), für die 1955 noch geplanten Stückzahlen nicht ausreichend war. Alle drei Teile konnten mit dieser Presse übrigens

■ *Die Pressen von Rux & Sohn beendeten den Engpass bei der Herstellung der größeren Teile.*

gleichzeitig in einem Pressvorgang hergestellt werden. Da eine weitere größere Presse nicht zu bekommen war (für das Dach hätte z.B. auch eine 1000-t-Presse ausgereicht), wurde festgelegt, im laufenden Jahr noch 150 Limousinen mit Kunstlederdach a la F 8 herzustellen (es wurden tatsächlich erheblich mehr). In einem späteren Vertriebsrundschreiben wurden diese Wagen dann als spezielle Kundenwünsche deklariert. Mit geeigneten Pressen der Firma Rux & Sohn in Glauchau konnte dieser Engpass später schließlich ausgeglichen werden.

Neue Schichtungen

Während die Nullserie lief, traten unvorhergesehene Schwierigkeiten bei der Duroplastteile-Fertigung auf, die den Fachleuten noch einmal gehörig den Schweiß auf die Stirn trieben: Großflächige Pressteile verzogen sich plötzlich während der Lagerung, und bis zu 40 % der in der Pressstofffertigung tätigen Mitarbeiter erlitten starke Hautausschläge am ganzen Körper. Obwohl sich die Krankheit als nicht gefährlich herausstellte, wollte bald niemand mehr in der Pressstoffabteilung arbeiten; man nannte sie die »Insel der Leprakranken«. Wolfgang Barthel versuchte es mit neuen Kunststoffzusammensetzungen – inzwischen hatte schon die Serienfertigung des P 70 begonnen. Es dauerte bis ins Jahr 1956 hinein, ehe die Herstellung der Duroplastteile einigermaßen zufriedenstellend ausfiel. Letztendlich sogar bis 1958, dem Jahr der Einführung der so genannten Vliesstraße.

Es wurde nun noch einmal mit verschiedenen Schichten zur Bildung des Vormaterials experimentiert, und schließlich ließ

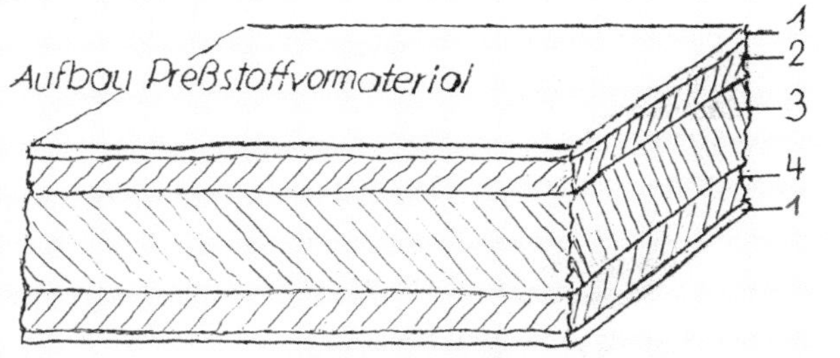

Der Aufbau des zu pressenden Materials für die P-70-Teile wie im Text beschrieben.

man eine dünne Deck- und Unterschicht harzfrei, was die immer noch manuelle Aufbereitung des zu verpressenden Materials für das Personal einschließlich der Pressenbedienung erträglicher machte. Zuletzt sah die Zusammensetzung des Vormaterials wie folgt aus (siehe Skizze): Eine Deckschicht (2), die etwa 25 % der Dicke des gesamten Vormaterials hatte und besonders witterungsbeständig sein musste, setzte sich aus 44 % chemisch behandelter Baumwollkämmlinge, 2 % Talkum und 54 % Phenolharz zusammen. Die dünne harzfreie Oberschicht (1) wurde beim Pressvorgang gleichmäßig mit schmelzendem Kunstharz durchimprägniert. In die Mittelschicht (3), die nicht so hohen Qualitätsansprüchen genügen musste, konnten preiswertere Materialien eingearbeitet werden. Sie bestand aus 33 % chemisch unbehandelter Baumwolle, Sorte 6, 8 % chemisch unbehandelten Baumwollkämmlingen, 5 %

Nach Einführung der ersten Vliesstraße 1958 wurde die Vormaterialherstellung noch bis in die sechziger Jahre hinein weiter optimiert.

Reißspinnstoffen, 2 % Talkum und 52 % Kresolharz. Schließlich die Unterschicht (4), die im untersten Bereich (1) wieder harzfrei blieb, mit 29 % chemisch unbehandelter Baumwolle, Sorte 6, 12 % Baumwollkämmlingen, 5 % Reißspinnstoffen, 2 % Talkum und 52 % Phenol-Kresolharz-Mischung. Die Dicke der Unterschicht entsprach wieder 1/4 der Gesamtdicke. Baumwollsorte 6 bedeutete die letzte Aberntung vom Feld, die sich nicht einfärben lässt und damit für die Textilindustrie wertlos war. Barthel schrieb später dazu: »Bei der Materialzusammensetzung waren die Bereitstellungsmöglichkeiten der DDR berücksichtigt. Die Baumwollkämmlinge fielen in den hiesigen Spinnereien bei der Baumwollverarbeitung an, und die Baumwollsorte 6 musste bei dem Einkauf hochwertigerer Baumwollsorten von der UdSSR mitbezogen werden ... Die Phenolharze waren Produkte aus dem eigenen Lande.«

Die Radausschnitte der Kotflügel mussten am Ende der Vliesstraße - übrigens während der gesamten Trabant-Produktionszeit - manuell ausgeschnitten werden.

Die Vliesstraße

Die Zusammensetzung des Vormaterials, wie sie für die P-70-Teile aufbereitet wurde, blieb im Wesentlichen auch während der Trabant-Produktion bestehen, allerdings wurde später nur noch einheitlich Phenolharz für alle Schichten eingesetzt. War am Duroplast also selbst kaum noch etwas zu verbessern, so galt es doch, seine Herstellung weitestgehend zu mechanisieren, um höhere Stückzahlen zu erreichen und die Arbeitsbedingungen für die Mitarbeiter zu verbessern. Das Ergebnis der Studien hierzu war die so genannte »Vliesstraße«. Schon 1956 hatten Techniker in der Pressstoffentwicklungsstelle ein Funktionsmuster aufgebaut; 1958 war die erste Vliesstraße für die Fertigung betriebsbereit. Sie bestand aus Krempelmaschinen, Kunstharzstreueinrichtungen, Florlegeeinrichtungen, Querförderband, Kalander und Beschneideeinrichtungen für die jeweiligen Vlies-Schichten. Wolfgang Barthel beschrieb anlässlich eines Vortrags die Abläufe an der Vliesstraße wie

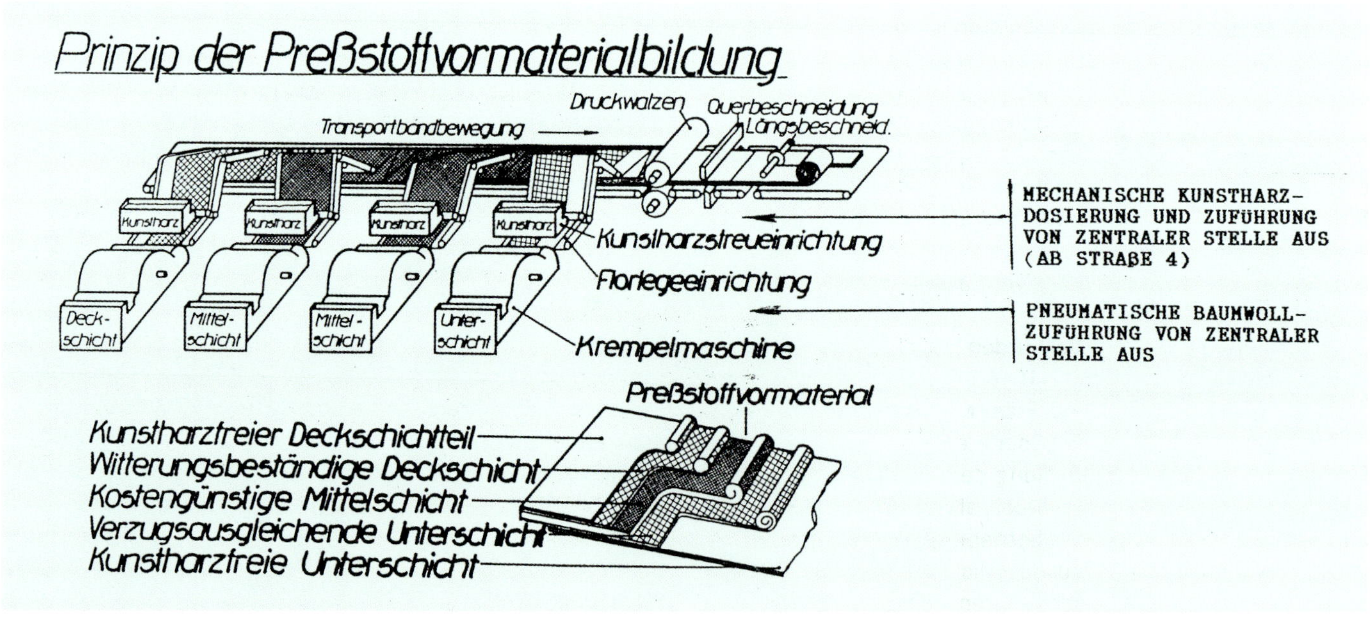

Die Vliesstraße sicherte rechtzeitig zum Anlauf der Trabant-Produktion eine qualitativ und quantitativ verbesserte Pressstoff-Vormaterialbildung.

Blick in die Pressenhalle zu Beginn der sechziger Jahre. Je fünf halbautomatische Pressen konnten von einem Mitarbeiter bedient werden. Heizen, Zwischenbelüften, Abkühlen und Öffnen der Presse übernahm die integrierte Steuerung.

folgt: »Die Krempel bildeten wie bei den primitiven Anfängen der Entwicklung aus Baumwollflocken Faserflore, die mit der definierten Kunstharzmenge zu berieseln waren. Die entwickelten Knieleger mit durchgehendem Förderband transportierten Flor und Harz zu dem Querförderband, das sich kontinuierlich vorwärtsbewegte, so dass sich am Ende die gesamte Vormaterialdicke aufbaute. Die gewünschte Schichtung wurde erreicht durch Zuführung unterschiedlicher Harzmengen und unterschiedlich zusammengesetzter Fasermischungen. Die kunstharzfreien Oberschichten entstanden durch unberieselte Bereiche an der ersten und letzten Krempelmaschine.

Das Material lief zur Vorverdichtung durch zwei Druckwalzen, wurde hinsichtlich seiner Flächenmaße durch radioaktive Strahlung kontinuierlich überprüft und mechanisch in Längs- und Querrichtung zu pressfertigen Formaten zugeschnitten. Sie wurden in zusammengerolltem Zustand in die Pressenhallen transportiert.

Die Radausschnitte für Kotflügelvormaterial wurden von Hand mit Rundmessern ausgeführt.«

Die pressfertigen Zuschnitte wurden dann in den beheizten Werkzeugen mit 4-6 N/mm^2 (40-60 kp/cm^2) verdichtet und geformt. Durch Stanzen und Fräsen entstanden nach dem Pressvorgang die fertigen Karosserieteile.

Die voll mechanisierte Herstellung des Vormaterials war hinsichtlich der geplanten P-50-Stückzahlen absolut notwendig und wurde nach der ersten Inbetriebnahme noch einige Jahre lang weiterentwickelt. Grundsätzlich blieb es aber bei den beschriebenen Abläufen auch während der noch jahrzehntelangen Trabant-Produktion. Westliche Kritiker warfen den ostdeutschen Auto-Produzenten immer wieder die hohen Kosten der Plastteile-Herstellung vor. Mit dem internationalen Maßstab gemessen, lagen die Kunststoff-Karosserieteile preislich tatsächlich über denen aus Stahlblech. Aber: in der DDR war die Industrie bis zuletzt auf den Import von Warmband, einem Vorprodukt der Feinblechfertigung, angewiesen. Die dafür zu entrichtenden Devisen machten das Material für den volkseigenen Markt besonders teuer. Bis etwa 200 000 Fahrzeuge pro Jahr, so rechneten die Zwickauer Buchhalter, waren Duroplastteile für die Trabi-Produktion in der DDR preiswerter. Im Übrigen war der Arbeitsmehraufwand durch verhältnismäßig »billige« Arbeitskräfte zu kompensieren. Zumindest bis in die siebziger Jahre hinein ging die Rechnung für den Zwickauer Automobilbau durchaus auf. Da stand er aber auch schon längst auf dem wirtschaftlichen Abstellgleis, von dem keine Weiche mehr wegführte ...

Nach dem Pressen mussten die Teile durch Stanzen und Fräsen noch einmal mit viel Handarbeit fertig bearbeitet werden.

1. MAI 1958
VEB SACHSE
Automobilwerke

VEB Sachsenring, Automobilwerke Zwickau

Die Erweiterung des Automobilwerkes Zwickau war für eine künftige P-50-Serienproduktion mit Jahresstückzahlen jenseits von 20 000 unabdingbar, zumal Karosserien in dieser Größenordnung nicht mehr vom Karosseriewerk Dresden gebaut und lackiert werden konnten. Auch für das Karosseriegerippe fehlten im Werk, das seit mehr als einem Vierteljahrhundert seine Karosserien auf Rahmen gesetzt hatte, die Produktionskapazitäten.

Für eine räumliche Ausdehnung kamen Neubauten wegen knapper finanzieller Mittel nicht in Frage, obwohl noch etwa zweieinhalb Jahre zuvor von staatlicher Seite der Neubau eines Karosseriewerkes auf der grünen Wiese vorgeschlagen worden war. Nach längerer Suche und mit Hilfe der Stadtväter konnte AWZ eine Kammgarnspinnerei übernehmen, die direkt an jene Gebäude grenzte, in denen die Duroplastteile für den P 70 gefertigt wurden. Hier, im späteren Werk III, brachte man den Karosseriebau (Kunststoffmontage und Karosseriekomplettierung) und die Lackiererei unter. Zum Anlauf der P-50-Nullserie, Ende 1957, konnte die Arbeit in den neuen Hallen aufgenommen werden.

Mit dem VEB Sachsenring Kraftfahrzeug- und Motorenwerk (bis 31. Januar 1957 VEB Kraftfahrzeugwerk Horch) war eine Vereinbarung getroffen worden, die den Bau des kompletten Karosseriegerippes mit verschweißter Bodengruppe beim größeren Bruder der beiden Zwickauer Automobilbauer vorsah. Horch hatte ja schon in den Jahren 1949–1953 die Karosserien für den F 9 an Audi geliefert.

Motor und Getriebe sollten, wie das auch beim bisherigen PKW-Typenprogramm der Fall war, aus Karl-Marx-Stadt kommen. Von dort signalisierte man jedoch bald, dass im Motorenwerk Mittel und Kapazitäten für die vorgesehene Großproduktion möglicherweise nicht ausreichen könnten.

Betriebsrundgang im Werk Horch, vordere Reihe von links: Staatssekretär Scholz (mit Mappe unter dem Arm), Technik-Chef Werner Lang, Staats- und Parteichef Walter Ulbricht und Fred Müller, SED-Chef bei Horch von 1952 bis 1958.

Die staatlicherseits enorm zusammengestrichenen Gelder für Investitionen zur Aufnahme der P-50-Großserienproduktion trieben AWZ in die Enge; Erweiterungen waren aus eigener Kraft nicht mehr möglich.

Ein »sozialistischer Großbetrieb«

Der vermeintliche Ausweg kam per Beschluss des Ministeriums für Allgemeinen Maschinenbau, in Abstimmung mit der Hauptverwaltung (HV) Automobilbau (dem Ministerium eingegliedert): Die Zusammenlegung der beiden Firmen AWZ und Sachsenring zu einem »sozialistischen Großbetrieb«.

In der DDR hatten führende Wirtschaftsfunktionäre damit begonnen, Schritt für Schritt Betriebe mit ähnlichen Produktionsstrukturen, Finalprodukten oder Folgeprodukten (Zulieferbetriebe) zu so genannten Kombinaten zusammenzuschließen, um deren Effektivität zu verbessern. Die beiden Zwickauer Automobilproduzenten boten geradezu ideale Voraussetzungen für einen solchen Zusammenschluss. Anfangs dachte man noch daran, das Karl-Marx-Städter Motorenwerk mit in den neuen Großbetrieb zu integrieren, ging dort aber schließlich andere Wege (Barkas-Kombinat).

Am 15. November 1957 gab der Leiter der HV Automobilbau, Kurt Lang (wenn man über den DDR-Fahrzeugbau jener Jahre schreibt, kommt man an der wiederholten Nennung dieses Namens nicht vorbei), eine streng vertrauliche Direktive »...zur Zusammenlegung der Betriebe des Automobilbaus Sachsenring und AWZ« heraus.

So hieß es zur Begründung der Notwendigkeit der Zusammenlegung unter anderem: »Die Betriebe Sachsenring und AWZ sind räumlich und branchenmäßig so gelegen, dass eine gemeinsame Leitung erfolgen kann und zur Erreichung einer strafferen Organisation und einer Verbilligung der Leitung diese unbedingt angestrebt werden muss.«

Lang wies weiter darauf hin, dass durch den zurückgehenden Absatz von LKW die vorhandenen Kapazitäten bei Horch im laufenden Jahr 1957 nicht mehr ausgelastet waren und Produktionsarbeiter umgesetzt (Bergbau) werden müssten.

In die Zeit der Zusammenlegung der Betriebe fiel die Vorbereitung auf die Serienproduktion einer neuen LKW-Generation: dem zu dieser Zeit noch intern H 4 genannten Viertonner, der schließlich S 4000 getauft wurde (»H« für Horch, »S« für Sachsenring) und Ende 1958 aus den Montagehallen rollen sollte.

Mit dem S 4000 hatten die Horch-Werker für 1958 einen durchaus modernen 4-t-Laster auf die Räder gestellt.

1956 kam auch endlich wieder ein eigener PKW ins Programm. Der sechszylindrige P 240 sollte in die Fußstapfen der großen, repräsentativen Horch-Wagen der Vorkriegszeit treten. Im Prinzip schaffte er das auch, aber der komplizierte Aufbau des Wagens, der 2500 Arbeitsstunden in sich vereinte (LKW H 3 etwa 600, der Trabant 1958 etwa 180 Stunden), war fernab jeder Kosten-Nutzen-Rechnung.
Horch/Sachsenring baute außerdem die Diesel- und Benzinmotoren für die eigenen Fahrzeuge sowie für den in Werdau in Produktion befindlichen LKW H 6, eine Entwicklung von Horch.

Mit dem Sachsenring P 240 hatte Horch ab 1956 endlich wieder einen repräsentative Oberklasse-PKW im Programm, dessen Produktion aber fernab jeder Kosten-Nutzen-Rechnung war.

Die Hauptkommission »Zusammenlegung«

Zur Koordinierung der vielfältigen im Zuge der Zusammenlegung anstehenden Aufgaben wurde eine Hauptkommission unter Vorsitz des Technischen Direktors von AWZ, Winfried Sonntag, einberufen, der die Führungen beider Werke angehörten. Dieser Kommission unterstanden wiederum diverse Arbeitsgruppen, deren abgesteckte Ziele bis 31. Dezember 1957 erreicht sein sollten, »... damit die Zusammenlegung mit Beginn des Jahres 1958 durchgeführt werden kann.« Eine sehr kurze, wie sich bald erwies zu kurze Zeit.

Die Sitzungen der Hauptkommission fanden fortan freitags wechselweise in den Werken Sachsenring und AWZ statt.

Schon bei der ersten Zusammenkunft musste eine weitere, ursprünglich nicht vorgesehene Arbeitsgruppe gebildet werden. Im Sitzungsprotokoll hieß es dazu: »Da bereits in der Belegschaft beider Werke infolge unorganisierter Aufklärung über die Zusammenlegung diskutiert wird, wurde von der Kommission festgelegt, sofort eine Arbeitsgruppe zur politisch-ideologischen gemeinsamen Aufklärung beider Belegschaften über die Zusammenlegung von Sachsenring und AWZ zu bilden.« Die Leitung der Gruppe bekamen selbstverständlich, die beiden Parteisekretäre der Werke übertragen. Sie hatten Schwerstarbeit zu leisten. Wenn man heute in den Berichten der Arbeitsgruppe liest, »... dass bei Versammlungen zum Teil recht hart diskutiert wurde ...«, kann man sich leicht vorstellen, dass es zu regelrechten Tumulten gekommen sein musste. Der mögliche Image-Verlust der Horch-Werker als Produzenten von Nobelkarossen und LKW sowie die Angst vor einem Arbeitsplatzabbau in beiden Werken ließen die Mitarbeiter auf die Barrikaden gehen. Tatsächlich war die Streichung von Stellen in den Bereichen Leitung und Verwaltung unvermeidlich. Da gleichzeitig die Zahl der Produktionsarbeiter zur Bewältigung der geplanten P-50-Fertigung erhöht werden musste, bangte so mancher Angestellte um seine Pfründe und seinen weißen Kittel. Zu Recht: Im Werk AWZ verloren 62 Mitarbeiter/innen, bei Sachsenring 56 ihren Job (die Gesamtbelegschaften waren 1957 etwa 2500 Mitarbeiter bei AWZ und etwa 5400 bei Sachsenring).

Die Wand- und Betriebszeitungen sowie der Werksfunk liefen um den Jahreswechsel 1957/58 mit Hochtouren auf Vereinigungskurs; trotzdem, als die Parteichefs Ölschlegel und Schnädelbach in der Hauptkommissionssitzung am 24. Januar 1958 berichteten, »... dass keine gegenteiligen Meinungen zur Frage der Zusammenlegung beider Werke mehr aufgetreten sind ...«, wussten beide, dass das nicht der Wahrheit entsprach. Es brodelte weiter, vor allem auf Leitungsebene noch viele Jahre lang.

So sah die Produktpalette des neuen Zwickauer Automobilwerks im Herbst 1958 aus: (v.l.n.r.) Trabant P 50, P 70 Kombi, P 70 Faltdach-Limousine, Sachsenring P 240, S 4000, S 4000-1Z

Erkauft wurde die relative Ruhe im Sachsenring-Werk auch mit dem Zugeständnis, trotz der Trabant-Beteiligung die eigene Produktion uneingeschränkt weiterzuführen. Doch daran glaubten die Führungen beider Werke im Frühjahr 1958 selbst nicht mehr, da waren die seitens der Regierung geforderten Trabant-Zahlen schlicht zu hoch.

Außerdem gingen die »Vereiniger« zu diesem Zeitpunkt davon aus, dass Motor und Getriebe für den neuen Kleinwagen im Werk Sachsenring montiert werden. Zu diesem Thema wurde noch im Januar 1958, unter Beteiligung der Führung des Karl-Marx-Städter Motorenwerkes, kontrovers diskutiert. Kapazitätsprobleme hier, fehlende Werkzeugmaschinen dort; schließlich einigte man sich auf die Getriebefertigung in Zwickau, die Motoren sollten aus Karl-Marx-Stadt kommen.

Ein neuer Name muss her

Ende April, es waren längst nicht alle Fragen beantwortet, wurde es in der Zusammenlegungskommission hektisch. Neben zahlreichen anderen ausstehenden Entscheidungen war am 18. April 1958 noch kein Name für das neue Werk gefunden, und Werkdirektor Uhlmann von Sachsenring meldete seinen Anspruch an, »... eine Lösung zu suchen, die es ermöglicht, beim Warenzeichen ›S‹ zu bleiben.« Er setzte sich durch, wenngleich die neue Werksbezeichnung nichts anderes als die Aneinanderreihung der bisherigen Werksnamen war. Am ersten

■ *Mit der neuen Werksbezeichnung und dem dazugehörigen Markensymbol war für das AWZ-Logo kein Platz mehr.*

Der AUTOMOBIL Arbeiter

Betriebszeitung der Belegschaft des VEB Sachsenring Automobilwerke Zwickau

Sonderausgabe — Organ der Betriebsparteiorganisation der SED — November 1959

Unser Betriebsplan 1960

Das Ansehen unserer Republik im Kampf um die Festigung des Friedens ist durch die Erfolge unseres sozialistischen Aufbaues ständig gewachsen. Die militaristischen Ziele des deutschen Imperialismus, die atomare Aufrüstung der Bonner NATO-Armee bis 1961 abzuschließen, bedeuten eine ernste Gefahr für die Menschheit in der ganzen Welt.

Deshalb kommt es mehr als bisher darauf an, das Wachstum des politischen und ökonomischen Einflusses unserer Republik in Europa zu verstärken, weil damit die Pläne der westdeutschen Militaristen zum Scheitern gebracht werden.

Davon ausgehend wurde der Perspektiv- und Rekonstruktionsplan für die rasche Weiterentwicklung unserer Volkswirtschaft auf der Grundlage der Mitarbeit aller Werktätigen unserer Republik ausgearbeitet und auf dem 6. Plenum des ZK der SED beraten.

Bis 1961 muß es uns gelingen, Westdeutschland im Pro-Kopf-Verbrauch der Bevölkerung zu überflügeln. Damit werden wir den offensichtlichen Beweis der Überlegenheit des sozialistischen Systems in Deutschland erbringen und in der weiteren Entwicklung den größten Teil der gesamten deutschen Bevölkerung für die Sache des Sozialismus gewinnen.

Aus dieser Zielstellung geht klar die große Bedeutung der Planaufgaben für 1960 hervor. Das Planjahr 1960 stellt einen gewaltigen Schritt in der Verwirklichung der Rekonstruktionsaufgaben unserer Volkswirtschaft dar. Daraus erwachsen für unseren Betrieb politische und ökonomische Aufgaben, die von uns für die Zukunft das gleiche Maß an Anstrengungen verlangen, wie es bereits in diesem Jahr aufgebracht wurde.

Das Mittel zur Erfüllung unserer ökonomischen Aufgaben besteht in der verstärkten Anwendung der Erkenntnisse der Wissenschaft und Technik auf die Erzeugnisse und in der Fertigung, weil damit die wichtigste Voraussetzung zu einer schnelleren Steigerung der Arbeitsproduktivität geschaffen wird.

Der Erfolg der weiteren Durchsetzung des technisch-wissenschaftlichen Fortschritts in unserer Produktion hängt weitestgehend von der verstärkten Heranziehung der gesamten Belegschaft an die Leitung und Lenkung unseres Betriebes und in Verbindung damit von der verstärkten Entwicklung und Bildung sozialistischer Arbeitsgemeinschaften ab.

1. Welches waren und sind die wichtigsten Aufgaben des Jahres 1959?

Die Hauptaufgabe in diesem Planjahr bestand für unser Werk darin, den im Jahre 1958 angelaufenen Trabant-Ausstoß schnellstens zu vergrößern. Dabei kam es in erster Linie darauf an, die Tagesstückzahlen beim P 50 so schnell wie möglich zu steigern und kontinuierlich zu gestalten. Das bleibt im IV. Quartal dieses Jahres für die Sicherstellung der Planerfüllung und für den Plananlauf 1960 auch weiterhin der Schwerpunkt. Wenn wir die Zielstellung des Kampfplanes zur Aufholung der Planrückstände im täglichen Ausstoß noch nicht erreicht haben, so ist doch der tägliche Leistungsanstieg unseres Werkes in den letzten Monaten ein großer Erfolg.

Gegenüber dem Monat Oktober konnte in den ersten 14 Novembertagen der tägliche Trabant-Ausstoß von 90 auf 111 PKW im Durchschnitt (außer sonnabends) gesteigert werden. Für die Erfüllung des Produktionsplanes 1959 und für den reibungslosen Übergang in das I. Quartal 1960 ist es erforderlich, in diesem Monat einen durchschnittlichen Tagesausstoß von 110 PKW und im Dezember von 120 PKW Trabant zu erreichen. Dabei darf die Steigerung des täglichen Produktionsausstoßes auf keinen Fall zu Lasten des Produktionsverlaufes geschehen, damit der Anschluß an das Planjahr 1960 nicht gefährdet werden kann.

2. Welche Planaufgaben haben wir 1960 zu erfüllen?

Senkung der Kosten für Hilfsmaterial, Werkzeuge und Vorrichtungen

Unbedingte Einhaltung der geplanten Tagesstückzahlen

Senkung der Mehrkosten für Ausschuß, Nacharbeit und Garantie

Aufruf an alle Belegschaftsmitglieder!

■ *Aus den beiden ehemaligen Werks-Zeitungen* »**Die Zündkerze**« *(AWZ-Audi) und* »**Die Kurbelwelle**« *wurde nach der Vereinigung die Parteizeitung* »**Der Automobil-Arbeiter**«.

Mai, dem »Kampftag der Arbeiterklasse«, wurde der »VEB Sachsenring, Automobilwerke Zwickau« (das Komma entfiel später) aus der Taufe gehoben.

Die Nomenklatur-Kader

Erst am Vorabend dieses für den DDR-Automobilbau so denkwürdigen Tages wurden die Nomenklatur-Kader (Direktoren und Hauptabteilungsleiter) vom Leiter der HV Automobilbau berufen. Chef des Ganzen wurde der bisherige Horch/Sachsenring-Direktor Herbert Uhlmann. Der Technische Direktor musste nun von AWZ kommen und blieb also Winfried Sonntag. Werner Lang, bis dato Technischer Leiter bei Sachsenring, stand von nun an den Konstruktionsbüros vor. Wilhelm Orth, seit November 1955 Chef-Konstrukteur bei AWZ, ging wieder zurück zum ZEK nach Karl-Marx-Stadt. Auch Werkdirektor Heinz Probsthahn von AWZ war jetzt überzählig und wurde zum Flugzeugbau abkommandiert.

Die Gliederung des neuen Betriebes wurde in Etappen, erst nach dem ersten Mai 1958 vollzogen. Im Jahr 1959 sah das dann wie folgt aus:

Werk I (ehemals Horch): Gerippefertigung, Getriebebau, Motorenfertigung (LKW, P 240)

Werk II (ehemals Audi): Fahrwerkbau und Fahrzeugmontage

Werk III: Kunststoff- und Karosseriefertigung

Werk IV: Entwicklung

Die vier Werke untergliederten sich noch einmal in insgesamt elf, später zwölf Fertigungsbereiche.

■ *Die Pforte zum Paradies? Der Haupteingang des Sachsenring-Automobilwerks im Jahre 1983.*

Trabant P 50 – Der Ablösetyp

Im Februar 1956, dem P 70 konnten die Stützräder abmontiert werden, begann in Zwickau unter Oberingenieur Wilhelm Orth die Neukonstruktion des P 50. Der Schwerpunkt lag auf der Gestaltung der Karosserie mit dem Gerippe aus Blech und den Kunststoffaußenteilen. Ingenieur Walter Ende war der dafür verantwortliche Konstrukteur, selbstverständlich in Zusammenarbeit mit der Pressstoffentwicklungsstelle. Weitere Konstruktionsschwerpunkte waren: Umgestaltung zum vollwertigen Viersitzer mit verbesserter Innenausstattung, Umstellung auf hydraulische Bremsen und Einbau moderner, doppeltwirkender Stossdämpfer.

Im September 1956 wurde das erste Foto eines Holzmodells des P 50 (jetzt intern P 50 II genannt), das bereits die endgültige Form besaß, in der Fachpresse veröffentlicht. Am 23. Oktober war dann (für die politische Prominenz in erster Linie) offizieller Vorstellungstermin des ersten Prototyps, dessen Karosserieaußenteile übrigens aus glasfaserverstärktem Polyester (GUP) im Handauflegeverfahren hergestellt wurden.

Nachfolgend soll das Fahrzeug, so wie es dann fast zwei Jahre später zur Serienproduktion gelangte, in seinen einzelnen Baugruppen vorgestellt werden.

(Abb. oben und unten) Das Holzmodell des P 50 II von 1956 im Maßstab 1:1.

■ *(Abb. oben und unten) Für den ersten P-50-Prototyp wurden glasfaserverstärkte Polyesterteile per Hand an das immer noch aus Holz bestehende Karosseriegerippe angepasst.*

Motor und Nebenaggregate

Daran, dass in einem für die DDR zu bauenden Kleinwagen der fünfziger Jahre ein Zweitaktmotor seine Arbeit verrichten würde, bestand nie ein Zweifel. Und auch wie dieser Motor konkret aussehen sollte, war im FEW in Chemnitz schnell geklärt. Seit über 20 Jahren arbeiteten die Zweitakter aus Zwickau nach dem Prinzip der Schnürle-Umkehrspülung, bei dem die Einlassöffnung vom Flachkolben gesteuert wird. Doch der damalige Technische Leiter des FEW, Oberingenieur Siegfried Rauch, ein Verfechter des Zweitaktprinzips, ließ seinen - zusammen mit Herbert Friedrich - patentierten Motor, der mittels Flachdrehschieber den Einlass öffnete und schloss, weiterentwickeln.

■ *Während der nächsten 30 Jahre veränderte sich der gesamte Triebwerksblock des Zweitakters äußerlich nur geringfügig.*

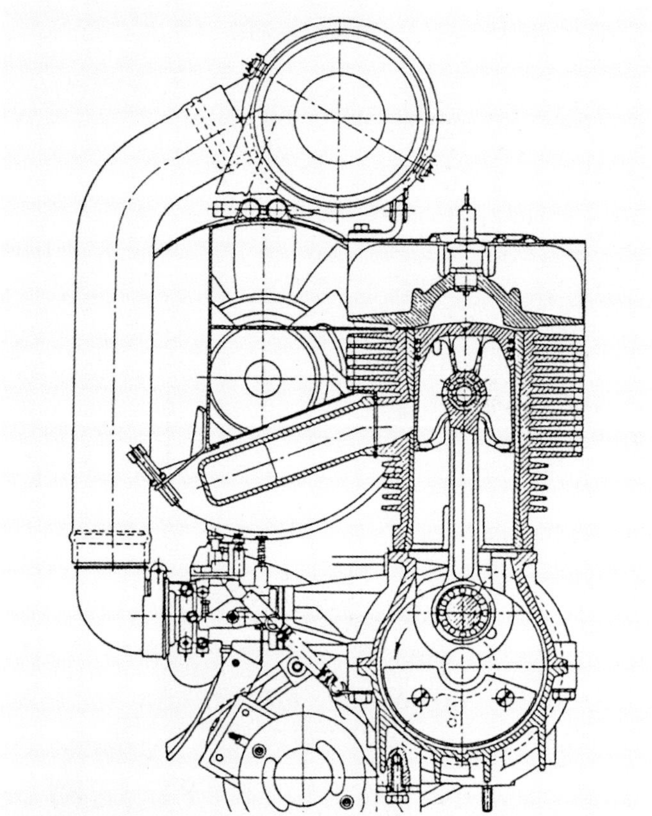

■ *Seitlicher Längsschnitt durch das P-50-Triebwerk mit Gebläse, Luftfilter und Plattendrehschieber.*

Ursprünglich für den Rennsport konzipiert, sollte die unsymmetrische Steuerung mit eben diesem von der Kurbelwelle bewegten Drehschieber, vor allem eine Aufladung des Motors ohne Zusatzaggregat ermöglichen. Das bedeutete ein höheres Drehmoment, also stärker in der Beschleunigung und am Berg.

Da diese Bauart gleichzeitig die Spülverluste reduzierte und somit Sprit sparte, dennoch fast all die Vorzüge des einfachen Zweitakters besaß, war es das ideale Triebwerk für einen modernen Kleinwagen.

Das Kraftstoff-Luft-Gemisch füllte vor allem den unteren Teil des Kurbelgehäuses, während sich in den oberen Teil und in die Spülkanäle beim Öffnen der Spülschlitze noch eine bestimmte Menge verbrannter Ladung einschob, die dann die Spitze des Spülstroms im Zylinder bildete. Hierdurch wurden also die Frischgasverluste gemindert, da die Spitze des Spülstroms durch die Auslassschlitze abströmte. Diese Konstellation ergab gegenüber dem herkömmlich (symmetrisch) gesteuerten Zweitakter eine knapp zehnprozentige Leistungssteigerung (damaliger Stand der Zweitakttechnik), vor allem im unteren Drehzahlbereich. Die am Trabantmotor verwendeten Flachschieber dienten außer zur Steuerung des Gasstromes auch noch zur Abdichtung des Kurbelgehäuses.

Zur Kosteneinsparung und schnelleren Produktion musste der Aufbau des Triebwerks möglichst einfach gehalten werden. Die beiden geteilten Graugusszylinder wurden quer zur Fahrzeuglängsachse angeordnet und mit Stiftschrauben auf dem Kurbelgehäuse befestigt. Bohrung (66 mm) und Hub (73 mm) ergaben ein Volumen von 499 cm^3. In den Zylindern arbeiteten Flachkolben mit je drei Kompressionsringen; den Abschluss des Motors bildeten Zylinderköpfe aus Aluminium. An der in Fahrtrichtung rechten Seite war das Axialgebläse angebracht, denn selbstverständlich gehörte zu einem billigen Triebwerk dieser Bauart eine Luftkühlung. Sie verlieh dem Trabant für die nächsten Jahrzehnte das markante Surren, das den Anschein erweckte, als bewege sich der Motor ständig in zu hohen Drehzahlbereichen.

Der Lüfter wurde wie die seitlich vorn am Motor angeflanschte Lichtmaschine durch die Riemenscheibe der Kurbelwelle mittels Keilriemen angetrieben.

Kupplung und Getriebe befanden sich auf der linken Seite des Motors und waren mit diesem zu einer Einheit verbunden. Die Kurbelwelle war dreifach wälzgelagert, die Lagerung des Pleuels erfolgte durch Rollenlager.

Gespeist wurde der Motor von einem Horizontal-Vergaser des Berliner Herstellers BVF. Die Luft wurde mittels Ansauggeräuschdämpfer angesaugt, die Reinhaltung erfolgte durch eine ölbenetzte Filterpatrone. Das Kraftstoff-Öl-Gemisch im Verhältnis 1:25 kam über einen Benzinhahn (im Fußraum des Wagens) aus einem 24 Liter fassenden Tank, der wie beim P 70 an der Stirnwand des Motorraumes saß und zu dessen Befüllung für die nächsten dreißig Jahre die Motorhaube zu öffnen war.

Auf der anderen Zylinderseite strömten die Abgase durch einen rohrförmigen Auspuff mit ebensolchem Vorschalldämpfer. Dieser wurde mit in das Heizungssystem einbezogen; das bedeutete, die bereits an den Zylindern vorgewärmte Kühlluft wurde zum Außenmantel des Vorschalldämpfers und von dort weiter in den Fahrgastraum geleitet.

■ *Die komplette Antriebseinheit des Trabant war auf einem Hilfsrahmen, dem sogenannten »Fahrschemel«, montiert. Der Motor saß vor der Vorderachse.*

■ *Einblick unter die Motorhaube eines ganz frühen Serien-Trabants. Die Position des Tanks änderte sich die nächsten drei Jahrzehnte nicht.*

Getriebe

Das in Tunnelbauweise ausgeführte Vierganggetriebe wurde über Klauen geschaltet, die Gänge waren untereinander nicht synchronisiert, es musste also zwischengekuppelt werden. Der Kraftfluss des Motors wurde über die Antriebswelle, die als Klemmrollen-Freilauf ausgebildet war, weitergeleitet.
Der Freilauf war schon seit 20 Jahren bei den DKW-Frontantriebswagen bis hin zum P 70 eingesetzt worden. Bei Gaswegnahme oder Gefälle, wenn der Motor praktisch vom Fahrzeug geschoben wurde (negatives Drehmoment), unterbrach der Freilauf die Verbindung zum Motor; das Fahrzeug rollte frei und wurde nicht vom langsamer laufenden Motor gebremst. War eine Motorbremse erwünscht, etwa bei längeren Gefällstrecken, konnte auch am P 50 der Freilauf ausgeschaltet (gesperrt) werden. Im Übrigen wirkte der Freilauf als eine Art Kupplung und erleichterte den Schaltvorgang.
Weiter wurde die Kraft zur Hauptwelle, über die einzelnen Gangräder zur Abtriebswelle und von dort zum Ausgleichgetriebe und zu den Antriebsgelenkwellen der Vorderräder geleitet. Die Wellen waren Platz sparend parallel zueinander angeordnet. Ein wesentlicher Unterschied des nachfolgenden Synchrongetriebes war die Vereinigung von Antriebs- und Hauptwelle zu einer Welle.
Die Räder für den zweiten, dritten und vierten Gang waren schräg verzahnt, das erste Gangrad der Abtriebswelle dagegen gerade. Während beim späteren Synchrongetriebe alle vier Gänge ständig im Eingriff standen, waren es bei der ersten Ausführung nur die Gänge zwei bis vier, der erste Gang wurde beim Einlegen in axialer Richtung in das Gegenrad der Hauptwelle geschoben. Der Rückwärtsgang lag vor dem zweiten Gang, im Synchrongetriebe dann vor dem ersten.
Zur Schmierung wurde das Getriebe mit 1,5 Liter reinem Motorenöl befüllt. Zwischen Motor und Getriebe verrichtete eine Einscheiben-Trockenkupplung ihre Arbeit.
Das gesamte Triebwerk wurde auf dem so genannten Hilfsrahmen, einer dreieckförmigen (später rohrförmigen) Quertraverse aus Stahlblech, mittels dreier Gummiblöcke gelagert. Der

Aus der Arbeitsgrubenperspektive: Der Hilfsrahmen mit der Antriebseinheit samt Auspuffanlage, mit Antriebswellen und Stoßdämpfern.

Hilfsrahmen (oder Fahrschemel), der auch Vorderachsaufhängung, Querblattfeder und Lenkung trug, war an den Plattformrahmen der Karosserie angeflanscht.

Fahrwerk

Mit einem Radstand von 2020 mm (Bodenfreiheit 180 mm) lag man international sehr gut im Rennen und unterstrich die Ambitionen zu einem vollwertigen Automobil.
Für die Federung war auf die altbewährten Querblattfedern zurückgegriffen worden. Zur Begrenzung der Federwege (150 mm) waren Fangbänder montiert.
Die Dämpfung erfolgte durch vier baugleiche, doppeltwirkende Teleskopstoßdämpfer. Das bedeutete, die Dämpfung wirkte sowohl im Aufwärts- als auch im Abwärtshub im Verhältnis 2:1.

Nichts Neues bei der Lenkung: der Lenkhebel der Zahnstangenlenkung übertrug die Längsbewegung über Kugelgelenke auf die beiden Spurstangen und weiter zu den Schwenklagern. Das Lenkrad machte zweieinhalb Umdrehungen von Anschlag zu Anschlag, der Wendekreis betrug etwa zehn Meter.
Die Achsschenkel der Vorderachse waren einzeln oben an der Querblattfeder und unten am Querlenker aufgehängt. Der Kraftfluss, vom Ausgleichsgetriebe kommend, wurde über Mitnehmer (später Gleitsteine) und Scharniergelenk zum Laufrad weitergeleitet.
Hinten agierte eine Schrägpendelachse mit zwei Dreiecklenkern. Diese, in Gummiblöcken aufgehängt und am Karosserieboden befestigt, trugen die Lagerblöcke der Heckfeder und die Radnabe.
Für die Verzögerung des Wagens sorgte eine Einkreis-Bremsanlage mit Ölhydraulik, die auf alle vier Räder wirkte. Die

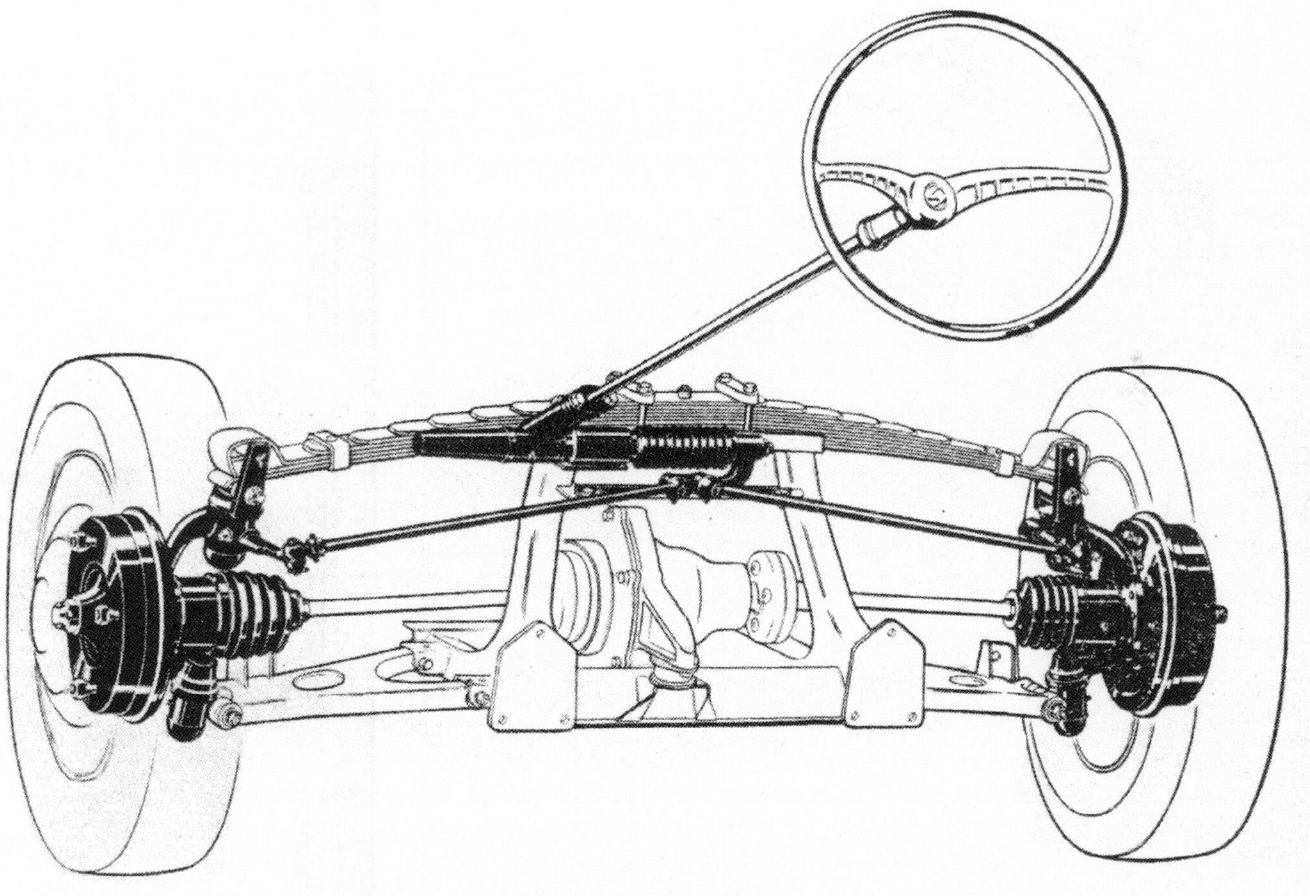

Die direkte Lenkung brauchte zweieinhalb Umdrehungen von Anschlag zu Anschlag. Der Wendekreis betrug etwa zehn Meter.

gesamte Bremsfläche der Trommeln fiel mit 462 cm^2 durchschnittlich aus.
Der P 50 rollte auf Reifen der Größe 5.20-13, die auch schlauchlos angeboten wurden (Export) und auf Felgen 4J x 13 montiert waren.

Karosserie

Drei Baugruppen wurden für den P 50 zur selbsttragenden Karosserie zusammengefügt:

1. Der profilierte Plattformrahmen, der zusammen mit dem Hilfsrahmen das Fahrwerk zu tragen hatte.
2. Das Karosseriegerippe, das wiederum mit dem Plattformrahmen zu einer Einheit zusammengeschweißt war.
3. Die Karosserieaußenteile aus Duroplast. Es handelte sich um Türen, Kotflügel, Dach sowie die Motor- und Kofferraumklappe.

Erstmalig im ostdeutschen Fahrzeugbau trug ein Plattformrahmen die Karosserie.

Zur Befestigung wurde das Dach vorn und seitlich eingefalzt, Kotflügel und Türen wurden an Gürtellinie und Fahrzeugunterkante mit dem Gerippe verschraubt. Auch an den Türfugen wurden die Teile zunächst verschraubt (dazu waren wie zuletzt beim P 70
Aluminiumwinkel an die Teile gepresst), ab Juli 1961 mit einem Spezialkleber auf Kautschukbasis, der zusammen mit der Kunstharzgrundierung im Lacktrockenofen aushärtete, verklebt.
Ein Konstruktionsfehler bei der Gestaltung der Duroplastteile sorgte noch jahrzehntelang für Ärger: Türen und hintere Kotflügel wurden, der Mode folgend, sehr flach gehalten (Seitenbombierung), was immer wieder zu einer regelrechten Wellenbildung führte. Da die Türen des P 50 später unverändert auch an den P 601 montiert wurden, trat dieses Ärgernis auch hier auf. Der vorher rundere P 70 kannte dieses Problem nicht, die Pressstofffachleute schon; sie konnten mit ihren Argumenten die Konstruktion jedoch nicht kippen.
Der Lackaufbau sah insgesamt wie folgt aus:

1. Lackieren des Blechgerippes mit Alkid-Kunstharzgrund, der bei ca. 85° C eingebrannt wurde.
2. Kunstharzgrundierung mit gleichzeitigem Schleifgrund für die beplankte Karosserie (ebenfalls Einbrennung).
3. Kunstharzvorlack mit anschließender Einbrennung.
4. Aufspritzen des Nitrolackes (Lufttrocknung).
5. Zweite Schicht Nitrolack.

Mit dem Einsatz eines Kunstharzdecklackes ab Mai 1960 wurde für die ersten beiden Arbeitsgänge nur noch Schleifgrund verwendet und bei 85 °C eingebrannt. Für den Decklack, der nun ebenfalls eingebrannt wurde, genügte ein einmaliges Auftragen.
Mit der Einführung der Zweischichtlackierung Mitte 1962 wurde auf den Vorlack verzichtet.

Das Karosseriegerippe wurde mit der Bodengruppe verschweißt und mit neun Duroplastteilen eingekleidet.

■ *Das Dachteil aus Duroplast wurde vorn und seitlich eingefalzt.*

■ *Verschraubung eines hinteren Kotflügels mit dem Karosseriegerippe.*

Elektrische Anlage

Der Trabant musste sich lange Jahre mit einer 6-Volt-Anlage begnügen. Ein gewisser Rückschritt, bedenkt man, dass die P-70-Verbraucher mit 12 Volt gespeist wurden. Das war jedoch, wie geschildert, ein Muss, um den Dynastart über die niedrigen Temperaturen und die hohe Verdichtung zu ziehen. Die sechs Volt waren zu dieser Zeit durchaus Standard. Der 445-Watt-Anlasser war mit einer Batterie-Zündanlage gekoppelt, der gute alte Dynastart (den übrigens viele auch gerne am Trabant gesehen hätten) hatte endgültig ausgedient. Der Bleisammler brachte es auf 56 Amperestunden. Die Unterbrecher (je einer pro Zylinder) befanden sich auf der Grundplatte; gezündet wurde mit Isolator-Kerzen M 18 und einem Wärmewert 225 (ab P 60 = 240).

Als Lichtmaschine fungierte ein Gleichstromgenerator mit einer Leistung von 180 Watt (ab September 1961 mit 220 W).

Ausstattung

Dem Ehrgeiz der Zwickauer Konstrukteure hatte es das Volk der DDR zu verdanken, dass aus dem Projekt P 50 schließlich ein vollwertiger, familientauglicher Kleinwagen wurde. Nach der staatlichen Vorgabe vom Januar 1954 hätte es mehr eine Zwischenstufe zwischen Kleinst- und Kleinwagen werden sollen, nicht zuletzt, um die Preisvorgabe von 4000 Mark halten zu können. Einerseits hatte man strikt entschieden – und sich über Jahre hinweg immer wieder damit publizistisch in

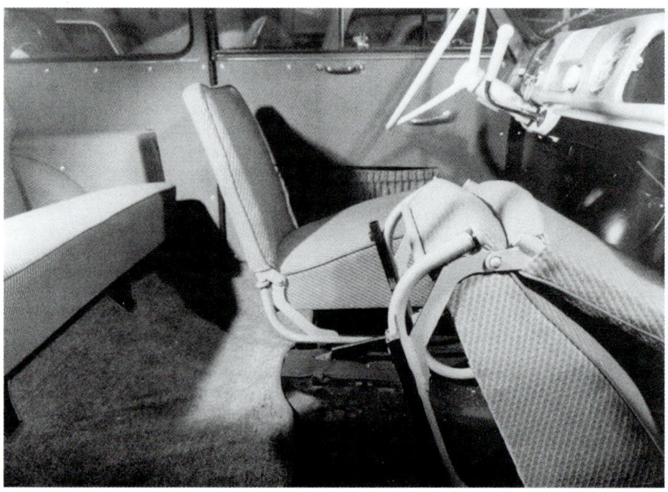

Kleinwagen-Ambiente der mittleren fünfziger Jahre. Beide Vordersitze konnten hochgeklappt werden.

Der P 50 war insgesamt kleiner als seine Vorgänger, vor allem die Fondpassagiere bekamen dies zu spüren.

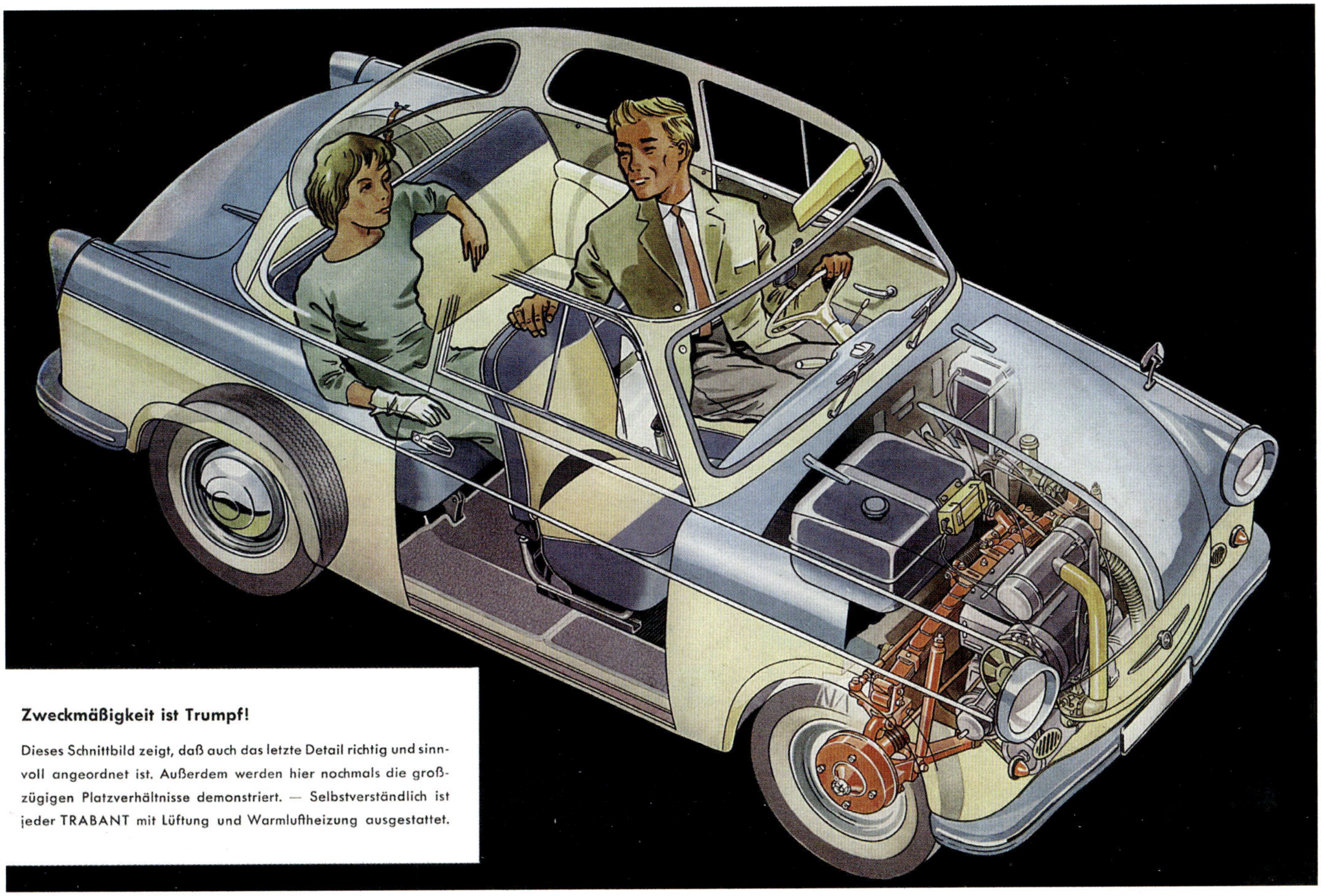

■ *Der P 50 war ein absolutes Zweckfahrzeug, ohne Anspruch auf mehr.*

die Brust geworfen –, »Fahrmaschinen« westlicher Baumuster (Kleinstwagen, Rollermobile) dem eigenen Volk nicht zuzumuten. Andererseits musste ein DDR-Volkswagen zu einem so günstigen Preis angeboten und in so hohen Stückzahlen produziert werden können, dass zur westdeutschen Kraftfahrzeugdichte aufgeschlossen werden konnte (was freilich nie erreicht wurde). Auch daran muss man den Trabant in der Einfachheit seines Aufbaus und seiner Ausstattung messen.

Bei Letzterer konnte man der bisher geschilderten Tendenz zu einem modernen Kleinwagen mit durchaus fortschrittlichen Karosserie- und Fahrgestelleigenschaften nicht ganz folgen. Die Sitze, die noch nicht mit Schaumgummi gepolstert waren, konnten in Längsrichtung und Neigungsgrad der Rückenlehnen verstellt werden, wirkten jedoch ein wenig hausbacken. Ebenso wie das leicht gewölbte Armaturenbrett, das mit vier Tastschaltern für Beleuchtung und Scheibenwischer, mit Kom-

■ *Für den DDR-Bürger jener Zeit bot der Wagen alles, was zur Mobilität nötig war.*

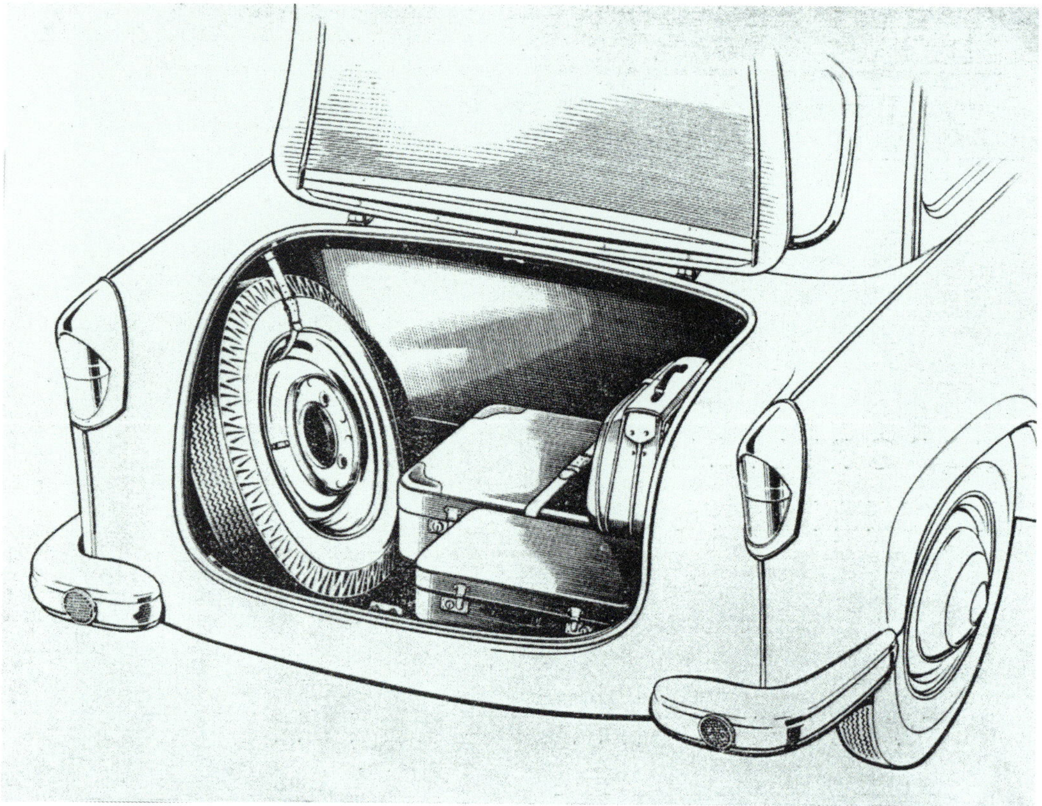

Ein mustergültig zugänglicher Kofferraum, dessen Kapazität allerdings vom Reserverad eingeschränkt wurde.

der Türscheibe waren, sondern außerhalb, parallel zum vorderen Schiebefenster, angebracht waren, sorgten für zusätzliche Belüftung. Zwar hatte seitens der Werkleitung die Forderung nach einem Kurbelfenster bestanden, aber der Wissenschaftlich-Technische Rat der Hauptverwaltung Automobilbau setzte dagegen und sich mit dem Argument der preiswerteren Lösung durch. Im Nachhinein stellte sich dann allerdings heraus, dass mit Kurbelautomaten die Türfenster jeweils 20 Mark billiger gewesen wären!
Front und Heckscheibe waren gewölbt, parallele Wischerblätter hielten die Sicht nach vorne frei.
Fortschrittlich zeigte sich wieder der Kofferraum mit etwa 400 Litern Ladevolumen und tief heruntergezogener Klappe. Das links im Kofferraum befestigte Ersatzrad schränkte die Kapazität allerdings etwas ein.

biinstrument, Radioplatz, Lautsprecher und offenem Handschuhfach »reichhaltig« (Pressetext) ausgestattet war. Blinklichter und Hupe waren mit einem Hebelschalter, der in die Lenksäule integriert wurde, zu betätigen. Da die Stockschaltung etwas näher zum Lenkrad hin angeordnet war als bei den Vorgängern F 8 und P 70, hieß es im gleichen Werbetext, »... dass sie wirklich schon eine Lenkradschaltung ist.«
Der P 50 schrumpfte gegenüber seinem Vorgänger in der Länge um 35 mm (mit 1500 mm gleiche Breite), und die notwendige Verkürzung des Radstandes um gleich 360 mm ließ es im Fahrgastraum enger zugehen. Und das spürten vor allem die Fondpassagiere, die »mittlerer Größe« sein sollten. Das Platzangebot muss für diese Fahrzeugklasse dennoch als durchaus akzeptabel bezeichnet werden.
Die Türfenster blieben in ihrer Konstellation ähnlich denen des P 70, der vordere Teil ließ sich zurückschieben. Ausstellscheiben aus Kunststoff (Piacryl), die nicht Bestandteil

Die »Konkurrenz« im Vergleich (1958)

Typ	Motor	Hubraum/cm³
P 50	2-Takt, Luft	499
Citroën 2 CV	4-Takt, Luft	425
NSU Prinz	4-Takt, Luft	583
BMW 600	4-Takt, Luft	585
Daf 600	4-Takt, Luft	590
Goggomobil T 600	4-Takt, Luft	590
Lloyd Alexander	4-Takt, Luft	600
Fiat 600	4-Takt, Wasser	630
Saab 93	2-Takt, Wasser	750
Renault Dauphine	4-Takt, Wasser	845

Vergleicht man nun technische Einzelheiten, Fahrwerks- und Karosseriekonstruktionen führender westlicher Kleinwagenhersteller mit denen des P 50, stellt man sehr wohl fest, dass, wie schon eingangs dieses Kapitels bemerkt, die ostdeutschen Ingenieure genügend Kreativität besaßen und eigene Ideen konstruktiv umsetzen konnten. Das änderte sich auch während der jahrzehntelangen, eintönigen 601-Produktion nicht. Aber Konstruktion und Produktion sind eben zwei verschiedene Paar Schuhe – ganz besonders im real existierenden Sozialismus.

Trabant P 50 der Nullserie, noch mit AWZ-Signet und erkennbar mangelhaften Passungen von Pressteilen und Zierleisten.

PS	Antrieb	Radstand/ mm	Leergewicht/kg	kg/PS	Nutzlast/ kg	Höchstgeschwindigkeit/km/h	Getriebegänge
18	Front	2020	620	34,5	330	90	4 (nicht synchr.)
12	Front	2400	530	44	300	85	4 (3. u. 4. synchr.)
20	Heck	2000	490	24,5	320	105	4 (vollsynchr.)
20	Heck	1700	539	26,5	330	100	4 (vollsynchr.)
20	Heck	2050	580	29	320	90	stufenlos
25	Front	2000	580	23	300	100	4 (vollsynchr.)
19	Front	2000	575	30	300	100	4 (vollsynchr.)
19	Heck	2000	560	29,5	330	100	4 (2. bis 4. synchr.)
33	Front	2488	820	25	380	120	3 (2. und 3. synchr.)
27	Heck	2270	650	24	350	115	3 (2. und 3. synchr.)

Ein Kleinwagen in Großserie

Automobilgeschichte bis 1960 weiterbauen (war auch früher schon einmal im Gespräch) und den Anlauf des P 50 aus Kostengründen hinauszögern können. Das Nein aus Zwickau war ein entschiedenes und wohlbegründet. Die Aufwendungen für eine erneute Umgestaltung des F 8 / P 70 hätten einen beträchtlichen Teil der P-50-Investitionsmittel verschlungen und das Finalprodukt nicht dem für die Volksautomobilisierung gedachten preiswerten Kleinwagen entsprochen. Der Bevölkerung wäre das wohl nicht mehr zu erklären gewesen, und im Wettlauf mit den internationalen Trends der Technik stand man außerdem. Immerhin hat es trotzdem Versuche für eine weitere Aufwertung des F 8 gegeben.

Die Serienfertigung verzögert sich

Die Realität sah dann allerdings nicht weniger ernüchternd aus: Der P 50 lief Mitte 1958 äußerst schleppend an, und sein Vorgänger begleitete ihn noch ein ganzes Jahr lang auf den Montagebändern. Denn am 14. November 1956 wurde nochmals gekürzt, von zehn auf nunmehr acht Millionen Ostmark! Damit waren aufwendige Umplanungen notwendig und ein Serienanlauf für 1958 in Frage gestellt. Von den einst zugesagten 70 Millionen war fortan nie mehr die Rede, gleichwohl die Forderungen der Regierung betreffs Serienstart und Maximalausstoß um keinen Deut zurückgenommen wurden.

In einem Beschwerdebrief, der mit »Situations-Bericht« betitelt war, schrieben Direktor Sonntag und Haupttechnologe Hans an die Regierung folgenden Schlusssatz: »Ein großer Irrtum besteht darin, zu glauben, dass unsere Techniker und Ingenieure allein durch eine gute Gehaltszahlung befriedigt werden können, während andererseits durch bürokratische Unschlüssigkeit und die sich daraus ergebende Verzögerung die wirklichen Erfolge ihrer Arbeit ausbleiben.«

Auch auf dieses Schreiben blieb eine Antwort aus, und die Verschleppung von Entscheidungen setzte sich 1957 fort. Mehr Geld war trotz aller Bemühungen ebenfalls nicht zu bekommen, da die Rentenerhöhung und die geplante Abschaffung der Lebensmittelbezugskarten bei den Staatsausgaben andere Schwerpunkte setzten.

Der notwendige Aufwand für eine Automobilfertigung im geplanten Ausmaß wurde von wichtigen Entscheidungsträgern unterschätzt. Und die Ankündigung – und damit Forderung an die Automobilbauer – in der Parteipresse, dass noch im Jahre 1957 1000 P 50 gebaut würden, war schlichtweg eine Dummheit. Gründe für die Nichterfüllung wurden dann wieder einmal ausschließlich in Zwickau gesucht, lagen aber hauptsächlich vor der eigenen Haustür in Berlin. Die staatlich geleitete Koordinierung der Produktionsvorbereitung durch die HV Automobilbau erwies sich als Hemmschuh ohnegleichen. Die Kontakte von AWZ zur Zulieferindustrie liefen weitestgehend über die HV, und was die dort im Schneckentempo laufenden

■ *Nicht nur die normale Bevölkerung in der DDR wartete sehnsüchtig auf den neuen Kleinwagen.*

bürokratischen Mühlen endlich ausspuckten, versank im Aktensumpf der Zulieferbetriebe. Dort war man viel zu träge, um die Vorgaben aus Zwickau in angemessenen Zeiträumen umzusetzen. Es hatte sich hier im Vergleich zu den Zeiten der P-70-Vorbereitung wenig geändert.
Das galt sowohl für P-50-Bauteile als auch in besonderem Maße für die notwendigen Produktionsanlagen und Arbeitsmittel. AWZ ging 1957 mehr und mehr dazu über, diese selbst zu planen, zu konstruieren und zu fertigen.
1956 waren noch fünf Versuchswagen gebaut und bis zu 75 000 Kilometer getestet worden. Die Versuchsreihe wurde im darauffolgenden Jahr fortgesetzt. Für Probleme sorgten vor allem der Motor, der sich als nicht genügend standfest erwies, und die Fahrwerksabstimmung. Die Berliner Vergaserfabrik schaffte es selbst bis zum Serienanlauf nicht, einen dem neuen Triebwerk angepassten Vergaser zu liefern.
1957 wartete das Volk der DDR immer ungeduldiger auf seinen neuen Kleinwagen. Nachdem er im Oktober 1956 erstmals der Öffentlichkeit präsentiert und von Wilhelm Orth in der ***KFT*** vorgestellt worden war, herrschte ein Jahr lang Stille im Blätterwald. Dem ***Deutschen Straßenverkehr*** wurde dann die undankbare Aufgabe zuteil, in seiner Novemberausgabe 1957, geschickt verpackt, den Leser zu informieren, dass sich der P 50 noch in der Erprobung befände und eben keine 1000 Exemplare für 1957 mehr zu erwarten wären. Dagegen erklärte Maschinenbauminister Rau, dass 1958 3000 P 50 das Werk in Zwickau verlassen werden. Vielleicht sollte an dieser Stelle eingeflochten werden, dass Politikeraussagen zur Automobilproduktion in der DDR 40 Jahre lang niemals zutreffend waren.

Beginn der Nullserienfertigung

Zunächst musste man in Zwickau erst einmal der aktualisierten Forderung nachkommen, am 7. November, dem 40. Jahrestag der »Großen Sozialistischen Oktoberrevolution« in Russland, den ersten Nullserienwagen vom Band laufen zu lassen. In einer symbolischen Aktion gelang das auch, jedoch wurden die meisten der 50 noch für das Jahr 1957 offiziell gezählten Fahrzeuge erst zu Beginn des folgenden Jahres wirklich fertig. In den internen Unterlagen der Konstruktionsabteilung wurde die Nullserie überhaupt erst dem Jahre 1958 zugeschrieben.

■ *Werbewirksam: Im Januar 1958 verlässt eine kleine Flotte P-50-Vorserienwagen das Gelände des Automobilwerkes Zwickau.*

Der P 50 wird zum »Trabant«

Inzwischen hatte der P 50 auch einen richtigen Namen erhalten: In der ***Zündkerze***, der Betriebszeitung von AWZ, war in der Ausgabe 31/1957 die Auswertung eines Aufrufs aus Ausgabe 24/1956, in dem alle Werksangehörigen zur Namensfindung aufgerufen worden waren, bekannt gegeben worden. Laut dieser Zeitungsausgabe war »sehr oft« der Name »Trabant« genannt worden. Und so wurde der P 50 dann also zum »Sputnik«, dem zuverlässigen Begleiter auf der Landstraße, benannt nach dem ersten sowjetischen Satelliten, der am 4. Oktober 1957 ins All startete.
Zur Frühjahrsmesse 1958 wurde der »Trabant« im allerletzten Moment doch nicht gezeigt, nachdem die Prospekte gedruckt und teilweise schon an Medienvertreter ausgegeben worden waren. Wie schon beim P 70 drei Jahre zuvor konnte und wollte man schließlich kein Fahrzeug ausstellen, von dem man wusste, dass es nicht vor dem Herbst käuflich zu erwerben sein würde. Die Enttäuschung auf breiter Ebene war groß. Am härtesten erwischte es den ***Deutschen Straßenverkehr***. Der hatte seine Märzausgabe 1958 mit Messebericht schon vor der Schau fertig – natürlich mit Trabant-Vorstellung. Der Text konnte noch ausgeblendet werden, ein Foto mit technischer Beschreibung musste im Heft verbleiben und erhielt die Anmerkung »Wurde nicht ausgestellt«.
Zur Herbstmesse im September war er dann aber endlich da, nachdem man zuvor den offiziellen Serienstart auf den 10. Juli

An einigen Vorserienfahrzeugen wurde noch nach der endgültigen Linie ...

... für die seitlichen Zierleisten gesucht.

Die Prospekte für die Leipziger Frühjahrsmesse wurden zwar gedruckt, der P 50 dann aber doch nicht gezeigt.

Frühe P-50-Serienlimousine von 1958.

und den Verkaufspreis der (zunächst ausschließlich gebauten) Standard-Limousine auf 7450 DM (Ost) festgelegt hatte.
Der Ausstoß blieb in den ersten Wochen bescheiden; der P 70 dominierte noch die Montagebänder. Hauptursache waren die nur spärlich aus Karl-Marx-Stadt eintreffenden Triebwerke; die Umstellung von der einfachen Werkstattfertigung auf eine moderne, größere Stückzahlen gestattende Fließproduktion konnte dort nicht rechtzeitig abgeschlossen werden. Erst ab November wurde die Montage in Zwickau forciert, so dass die meisten der 1730 Trabant, die 1958 gebaut wurden, erst in den letzten beiden Monaten die Werkhallen verließen. Im Abschlussbericht der Konstruktionsabteilung sprach man bei den 58er-Wagen noch von einer Vorserie, erst ab Januar 1959 begann den internen Unterlagen zufolge die Serienproduktion.

Moderne Fertigungsanlagen

Für eine schnelle Steigerung der Tagesausstöße war es dringend erforderlich, modernere, dem internationalen Standard angepasste Produktionsanlagen zu schaffen. »Rekonstruktionsprogramm« nannte es Sachsenring und packte es mit in den staatlich verordneten Siebenjahresplan, der von 1959 bis 1965 gelten sollte, dann aber bald auf einen Fünfjahresplan reduziert wurde.
Da die Investitionsgelder weiter spärlich flossen und es in der DDR kaum Hersteller für Industrieanlagen der Automobilbranche gab, (oder man mit den Existierenden schlechte Erfahrungen gemacht hatte), gingen die Sachsenring Automobilwerke, wie bereits angedeutet, dazu über, den Ausbau ihrer Fertigungsstrecken selbst zu realisieren. Das band zwar Personal und Material, war aber die einzige Möglichkeit, in

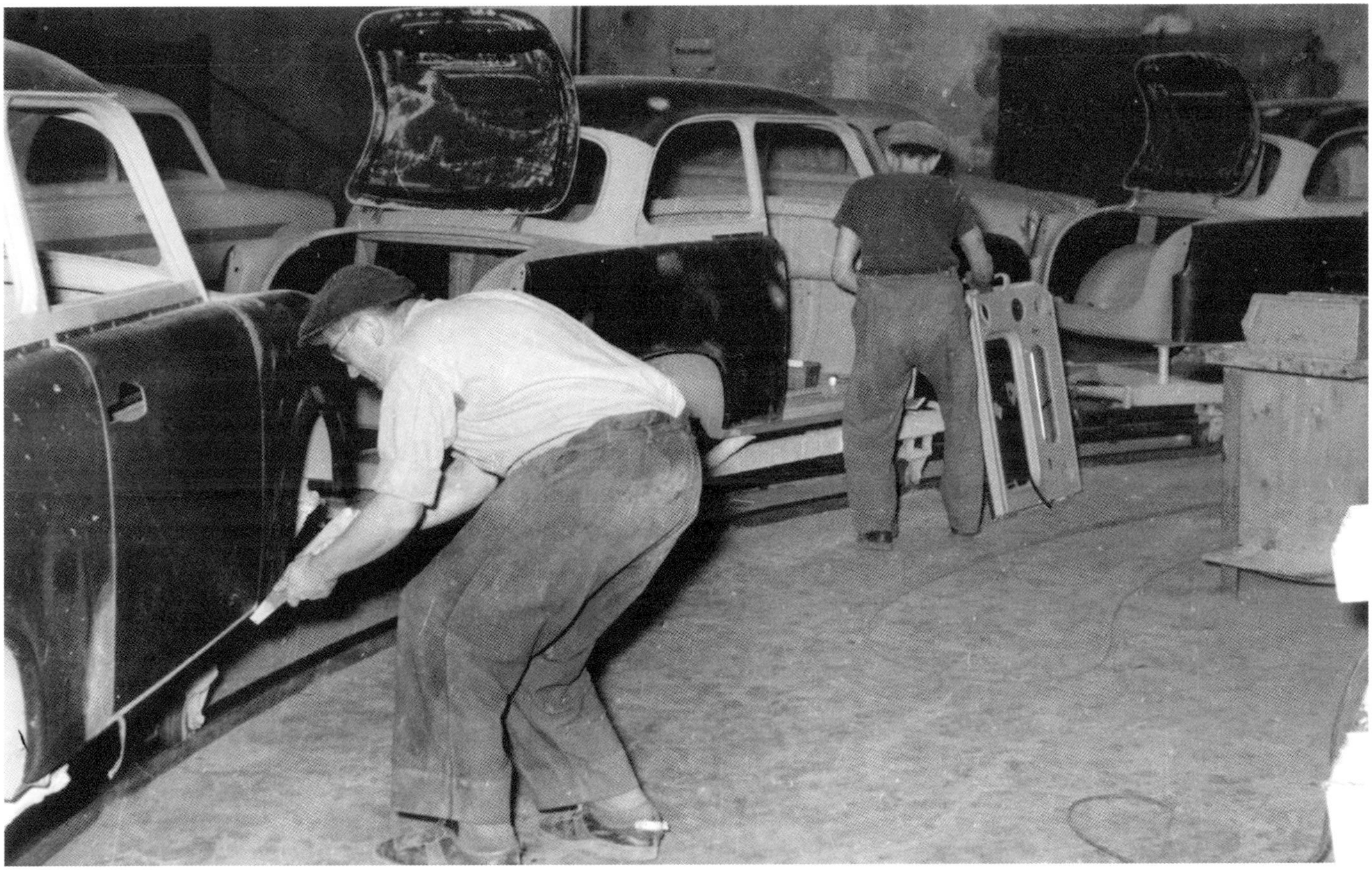

■ *(Abb. links und oben) Die Montage der Duroplastteile erfolgte im Werk III. Die Karosseriekörper lagen auf Rollwagen, die mit einer Spur in einem Schienensystem geführt wurden.*

Karosserieboden eingespannt wurde. Auf 127 Metern Länge wurden dann an 23 Stationen der Karosserievorbau und weitere Komplettierungsteile verschweißt.
Vervollständigt durch eine Lackier- und Einbrennstrecke waren die bis 1963 errichteten Anlagen fast ausnahmslos bis zum Ende der Trabantproduktion im Fertigungsprozess integriert. Sie waren eine Voraussetzung für bis dahin in der DDR nicht gekannte Jahresproduktionen; eine andere war die schon im letzten Kapitel angedeutete Produktbereinigung.

Produktbereinigung

Die noch im Winter 1957/58 an die Horch-Belegschaft gerichtete Zusage zur Aufrechterhaltung der eigenen LKW- und PKW-Produktion war schon ein Jahr später Makulatur. Diese Fertigungen mussten zwangsläufig eingestellt bzw. ausgelagert werden, denn Werkserweiterungen in größerem Ausmaß, wie sie zur Weiterführung nötig gewesen wären, waren aus finanziellen Gründen nicht möglich. Die vorhandenen Kapazitäten mussten voll in den Dienst der P-50-Produktion gestellt werden. So ließ man die spärliche, aber arbeitsintensive Fertigung des Sachsenring P 240 im Laufe des Jahres 1959 auslaufen und verlagerte die LKW-Produktion ins benachbarte Kraftfahrzeugwerk »Ernst Grube« nach Werdau. Am 16. Oktober 1959 lief im ehemaligen Horch-Werk der letzte LKW, ein S 4000-1, vom Band.
Selbst die Ersatzteilefertigung für F 8 und P 70, später auch für den P 240, wurden an Betriebe in Halle bzw. Meißen vergeben.

TX00-45

Modelle und Modellpflege 1959–1962

Ursprünglich war vorgesehen, die besser ausgestatteten Sonderausführungen schon zu Serienbeginn parallel zu den Standardmodellen zu bringen. Die beschriebenen Terminzwänge ließen aber zunächst nur das Standard-Modell zu. Schließlich sollte mit dem Modelljahr 1959 die Angebotspalette erweitert werden. Aber auch im zweiten Jahr des P 50 dauerte es noch bis Juni, dem Monat, in dem die P-70-Produktion endgültig aufgegeben wurde, bis gleich drei Ausführungen »Sonderwunsch« mehr Farbe in das Verkaufsprogramm brachten.

Die Sonderwunsch-Modelle

Und das im wahrsten Sinne des Wortes; die Wagen unterschieden sich lediglich in der Farbgebung. Die Ausstattungsdetails sowie die seitlich durchgehende geschwungene Zierleiste und die Chromleisten in den Stoßfängern waren jeweils (fast) gleich.

Die erste Variante war einfarbig und kostete 8360 Mark, die zweite, zweifarbige (oberhalb der Zierleiste bis Unterkante Dachsäulen und Stoßfänger jeweils in den dunkleren Farben), kostete 8440 Mark, und das dritte Modell schließlich, das zusätzlich zu den zwei Farben noch einen schwarzen Streifen, eingefasst von zwei Zierleisten, am hinteren Kotflügel aufwies, kostete 8470 Mark.

Schon im laufenden Modelljahr 1960 fielen die ein- und dreifarbigen Varianten der Sonderwunsch-Modelle wieder aus dem Programm. Besonders letztere wurde kaum verkauft und setzten auch einen eigenwilligen Geschmack voraus.

Innen boten die teureren Limousinen fast schon einen Hauch von Luxus. Die Sitzbezüge waren eine Kombination aus Stoff und Kunstleder – damals international im Trend –, der Prospekt nannte es »Pfeifenpolsterung«. Die Seitenverkleidungen

Die zweifarbige Sonderwunsch-Ausführung, hier noch mit AWZ-Logo, was den Wagen als Vorserien-Fahrzeug ausweisen würde. (Foto: Torsten Maue © CC-BY-SA-4.0)

■ *Die Sonderwunsch-Version mit Zierleiste, aber einfarbiger Lackierung.*

■ *Die zweifarbige Sonderwunsch-Ausführung blieb mit dieser Anordnung der Zierleisten bis 1962 im Programm.*

Über die dreifarbige Lackierung herrschten geteilte Meinungen, sie blieb nicht lange im Lieferprogramm.

waren zweifarbig. Später wurden die Farbhälften durch einen breiten, hellen Streifen getrennt. Zwei Sonnenblenden, Kleiderhaken und ein Ascher im Fond waren nützliche Details. Eine dicke Filzmatte an der Motorraumstirnwand schonte die Ohren des Fahrers. Beleuchtungen in Motor- und Kofferraum rundeten die Liste der Extras ab.
Natürlich waren die feineren P 50 auch und vor allem für ausländische Märkte bestimmt; auf den großen, internationalen Ausstellungen wurde der Wagen (mit dem 20-PS-Motor) ja erst ab 1960 gezeigt. Und trotzdem: die politisch-ideologische Ausrichtung jener Jahre sah erstrangig Auslieferungen im Inland vor; das Volk sollte ruhiggestellt, die immer noch massiven Abwanderungen eingedämmt werden.

Der P 50 Kombi

Im März 1960 wurde endlich der P 50 Kombi vorgestellt. Auch mit seinem Serienanlauf war man spät dran; geplant hatten die Kaufleute den nahtlosen Übergang vom P 70 Kombi auf das neue Modell. Aber die Kundschaft, allen voran die Importeure, mussten über ein halbes Jahr lang auf den beliebten Allrounder verzichten. Begrenzte Entwicklungskapazitäten und die Verlegung der Karosseriefertigung von Dresden zum Karosseriewerk Meerane bedingten hauptsächlich die Verzögerungen.
Die ersten Kombis waren noch mit dem Motor P 50 Z ausgerüstet, der zwar schon die neuen Alfer-Zylinder besaß, jedoch noch mit 18 PS Leistung auskommen musste. Aber die 40 kg, die der Kombi (660 kg) gegenüber der Limousine auf Grund des Karosserieaufbaus zugelegt hatte, verlangten nach mehr Leistung. Die zulässige Gesamtmasse war zwar auf eine Tonne gestiegen (Limousine 950 kg), aber durch das höhere Gewicht blieb gerade mal eine Belastung von 10 kg, die man dem Kombi mehr aufbürden durfte. Eine Rechnung, die damals aber in keinem Werbetext zu finden war.

Der Kombi kam erst 1960, folgte aber in der Beliebtheit schnell seinem P-70-Vorgänger. Die Hecktür war weiterhin links angeschlagen.

Die Außenmaße des zweifarbigen Kombis blieben gegenüber der Limousine unverändert, die Ausstattung entsprach der Standardausführung. Die seitlich zu öffnende Hecktür war 640 mm hoch, oben 730 mm und unten 755 mm breit. Die hintere Sitzbank ließ sich zweimal nach vorn klappen (Lehnen und Sitze), wodurch ein Laderaum von 1200 mm Länge und 1180 mm Breite entstand. Die Ladehöhe betrug 890 mm. Das Reserverad lag unter einem Zwischenboden hinter der Rückbank.

Der P 50 Kombi folgte in der Beliebtheit seinem P-70-Vorgänger. Schon 1960 entfielen 10 % der produzierten Trabanten auf diese Karosserieversion, Tendenz steigend.

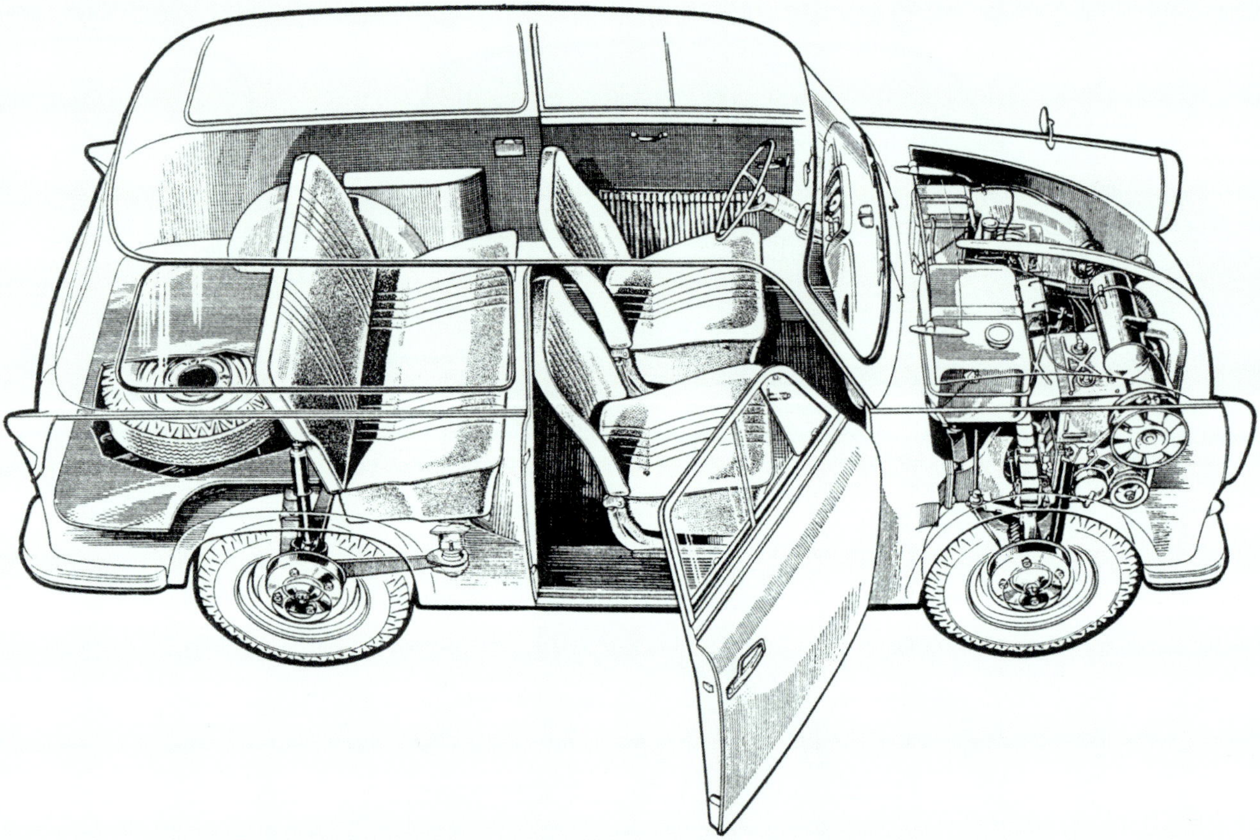

In den Außenmaßen blieb der praktische Kombi gegenüber der Limousine unverändert, war aber 40 kg schwerer.

Lieferwagen und Camping

War die Kombi-Karosserie im Sachsenringwerk in Zwickau konstruktiv entwickelt worden, so wollte der Hersteller in Meerane auch eigene kreative Fähigkeiten unter Beweis stellen. Im Frühjahr 1961 wurde ein Kleinlieferwagen auf der Leipziger Messe präsentiert und in die Angebotslisten der Importeure aufgenommen. Das Fahrzeug war zweisitzig ausgelegt, die hinteren Seitenfenster waren mit Blechtafeln verschlossen. Die Stückzahlen dieses Modells blieben mehr als bescheiden.

Etwas mehr Glück hatten die Meeraner mit einer weiteren Version des Kombis: Mit weit öffnendem Faltschiebedach und Liegesitzen wurde der P 50 »Camping« ab August 1961 angeboten und gehörte, auch als Sechshunderter, bis 1963 zum Programm. 9500 Mark standen für ihn in der Preisliste, nicht zuletzt ein Grund, warum auch seine Produktionszahlen nicht gen Himmel strebten.

Nur für den Export bestimmt, aber im Ausland kaum beachtet: Der P-50-Lieferwagen auf Basis des Kombis.

Zweifellos der schönste Trabant aller Zeiten: der Camping-Kombi mit großem Schiebedach und Liegesitzen blieb aber auf Grund des hohen Anschaffungspreises ein Exot.

Eine Schiebedach-Version sollte es auch für die Limousine geben. Einige Wagen sind damit ausgerüstet worden, ehe die zu aufwendige und teure Konstruktion im Karosseriewerk des VEB Sachsenring wieder aufgegeben wurde.
Ähnlich erging es einem vom Karosseriewerk Dresden vorgestellten Coupé auf Basis des P 60. Die letzte sportliche Ausführung für Zwickauer Serienautomobile blieb im Prototypenstadium stecken und wurde nicht für die Produktion freigegeben.
So blieb es bis zum Produktionsbeginn des Trabant 601 bei den oben aufgeführten Serien-Varianten.

Das Karosseriewerk Dresden hätte, ähnlich wie beim P 70, auch für den P 50 einen Coupé-Entwurf parat gehabt.

Und diese interessante Pick-Up-Studie fand leider auch keine weitere Beachtung.

Modellpflege 1959–1962

Mit dem Trabant wurde ein neuer Kopf für die Kundendienstrundschreiben, die sich jetzt »Informationsdienst« nannten, eingeführt. Technische Änderungen und Modellpflegemaßnahmen in den Jahren 1958 bis 1964 ließen einen dicken Stapel jener Blätter anwachsen, von denen viele heute nicht mehr von Interesse sind.

Im Jahr des Produktionsbeginns galt es zunächst, Qualitätsmängel abzustellen: Undichtigkeiten der Karosserie, überharte Federung, ungleiche Stoßdämpfung, schlechte Bremswirkung und vor allem die mangelhafte Verarbeitung waren die meistgenannten Beschwerden, mit denen sich die Techniker auseinanderzusetzen hatten.

Nachfolgend sind die wichtigsten Änderungen am Trabant P 50/60, beginnend mit dem Jahr 1959, chronologisch aufgeführt und erläutert.

1959

- Ab Januar zierte ein neues Sachsenring-Emblem die heruntergezogene Motorhaube, einige Wochen später verschwand die Öse unter dem Emblem.
- Der Trabant-Schriftzug wanderte ebenfalls zu Beginn des Jahres von der Motorhaube an das Heck des Wagens.

1960

Im Sachsenringwerk wurde eine neue, halbautomatische Lackieranlage in Betrieb genommen und ein neu entwickelter Kunstharzdecklack eingesetzt. Mit dieser Maßnahme einher ging eine neue Farbenauswahl, wobei die Dreifarbenlackierung mit dem schwarzen Streifen am hinteren Kotflügel entfiel.

- Mit dem neuen Modelljahr kam ein weiterentwickelter Motor mit so genannten »Alfer-Zylindern« zum Einsatz. Der

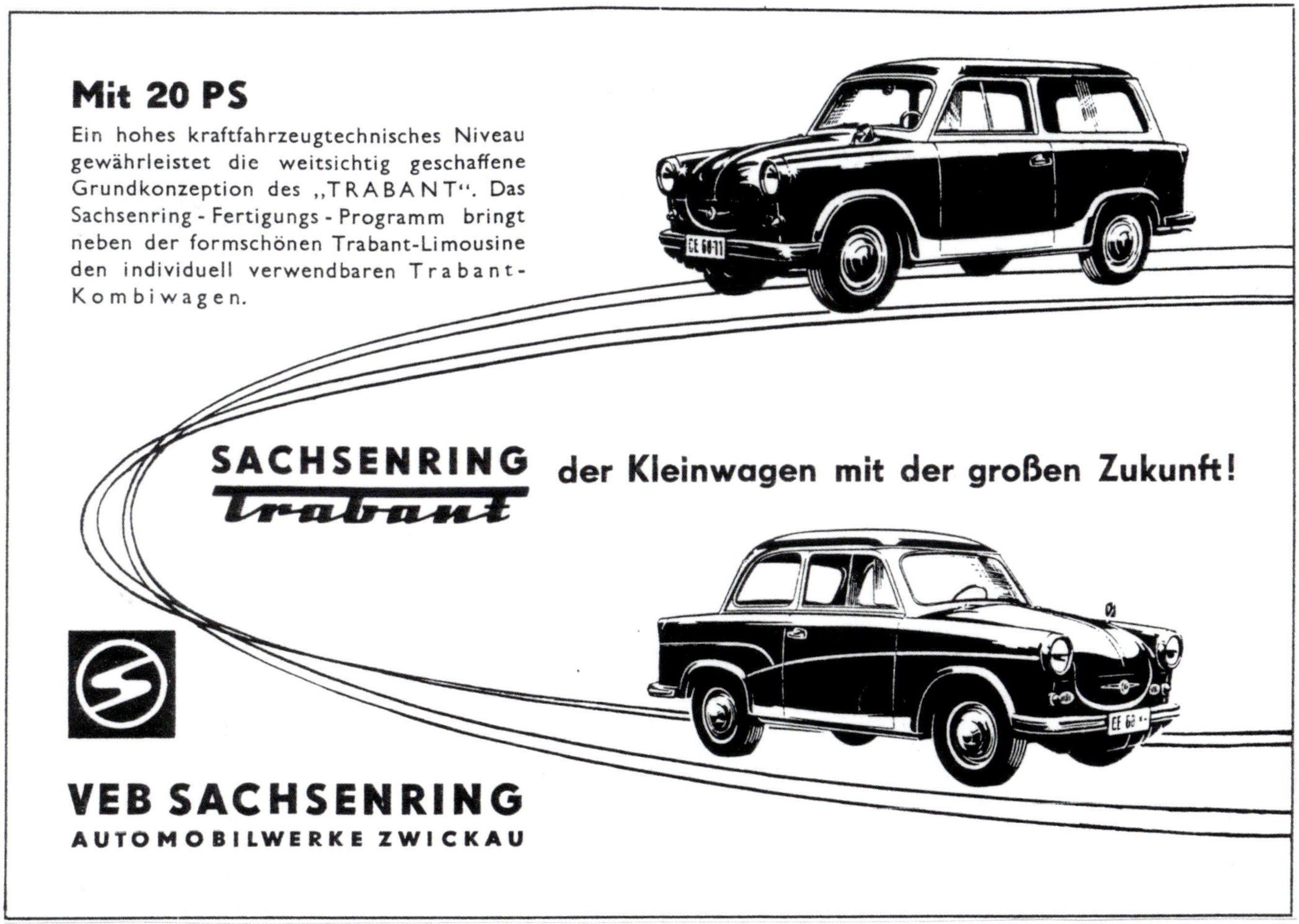

Die ab Mai 1960 verfügbaren 20 PS mussten sich selbstverständlich in der Trabant-Werbung wiederfinden.

stimmten Wagen mit weißen Blinkleuchten und die finnischen Exportmodelle mit doppelten Rückstrahlern ausgerüstet. Für den ungarischen Markt wurde das seitlich am Heck herausgeführte Auspuffrohr gerade nach hinten verlegt.

1961

- Ab Februar stand als Extra eine Zierleiste in Doppel-Z-Form für den unteren Rand der Motorhaube zur Verfügung.
- Eine neu gestaltete Instrumententafel in »Tupfeffekt«-Lackierung gab es ab Fahrgestellnr. 61 03011 und K 61 00399 (Kombi). Die tiefergesetzten Armaturen sollten nun blendfrei sein; ein voluminöses Handschuhfach dominierte die Szenerie.
- Ab August wurde eine Scheibenwaschanlage der Metallwarenfabrik Breitungen als Extra angeboten.
- Ab Fahrgestellnr. 61 30001 und K 61 03501 wurden alle Trabant-Wagen mit einer Lichthupe ausgerüstet.

Insgesamt wurde der Innenraum durch besser geformte Sitze, die auch für eine größere Kniefreiheit im Fond sorgten, und geschmackvollere Seitenverkleidungen für das Modelljahr aufgewertet. Auch die neu gestaltete Hutablage sorgte für mehr Platz.
Die Industriewerke Karl-Marx-Stadt boten eine Sonnenblende zur äußeren Montage an, wie sie damals in Mode war.

1962

Das Modelljahr 1962 ist äußerlich bei den Limousinen in Sonderausführung deutlich erkennbar: Einer im oberen Karosseriedrittel gerade durchlaufenden Zierleiste war die frühere, geschwungene Verzierung gewichen. Dieser geringe kosmetische Eingriff stand dem P 50 gut zu Gesicht. Neue Zweifarbenlackierungen unterstützten die gestreckte Linienführung.

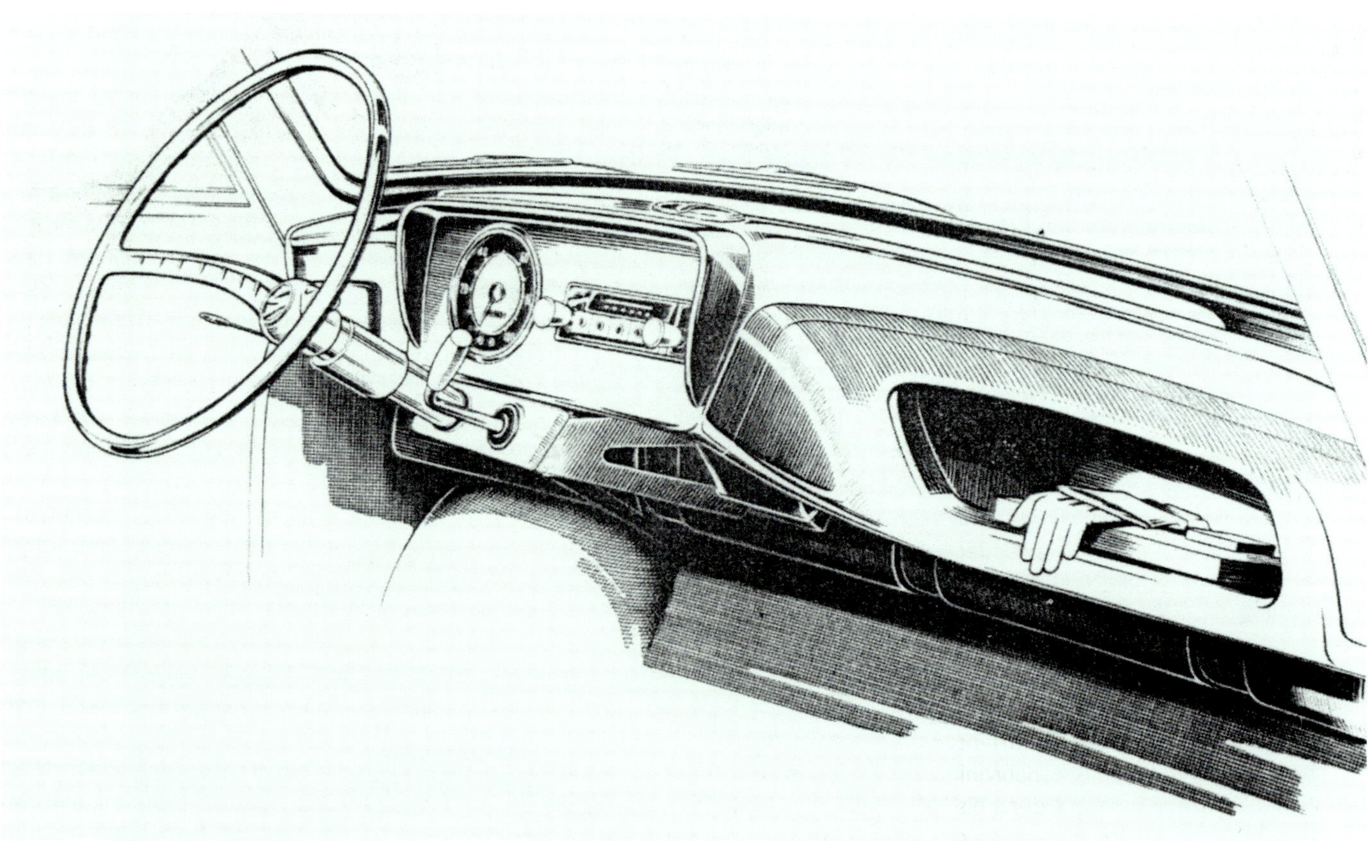

Ein voluminöses Handschuhfach dominierte die ab 1961 eingesetzte Armaturentafel.

Auch die übrige Innenausstattung erhielt 1961 eine Überarbeitung.

- Ab 1. April wurde der Trabant offiziell mit vollsynchronisiertem Getriebe ausgeliefert, viele Wagen waren auch schon zuvor damit ausgerüstet worden.

Mit dem neuen Getriebe gingen zahlreiche kleinere Änderungen einher. So gab es unter anderem einen neuen Lüfter; Kupplung, Radantriebe (verstärkt) und sogar der Hilfsrahmen änderten sich. Der Motor wurde jetzt intern P 50/2 genannt, die eingeschlagene Motornummer begann entsprechend mit 52... (vorher 50... bzw. 51...).

Den mit neuem Getriebe ausgerüsteten Wagen wurden zunächst Ergänzungsblätter zur Betriebsanleitung beigelegt, die dem Kunden das Fahren mit synchronisierten Gängen erläuterten. Das war auch notwendig, denn bis dahin hatte es in dieser Fahrzeugklasse auf DDR-Gebiet keine Vollsynchrongetriebe gegeben. Wer den Automatismus des Zwischenkuppelns nicht aus den Beinen bekam (viele versuchten es erst gar nicht), hatte bei den längst nicht butterweichen Übergängen des neuen Getriebes jedenfalls keine Schaltschwierigkeiten.

Der Gleichlauf der zu verbindenden Zahnradpaare bzw. Wellen wurde durch gegeneinander gepresste Reibkegel erreicht.

Schmerzlich vermisst wurde der nun nur noch im vierten Gang vorhandene, nicht sperrbare Freilauf.

Der Kombi fuhr jetzt mit gleicher Achsübersetzung wie die Limousine.

Mit dem neuen Getriebe, für das es ab 1963 Nachrüst-Bausätze zum Preis von 1400 Mark gab, konnte der Trabant international wieder an Boden gewinnen, zumindest die westliche Konkurrenz wartete zu dieser Zeit nahezu komplett mit vollsynchronisierten Vierganggetrieben auf. Und der Anschluss an das westliche Niveau wurde in den frühen Sechzigern, auch im Automobilbau, von offizieller Seite sehr hoch bewertet.

Das Modelljahr 1962 ließ sich bei den teureren Modellen äußerlich an der mittig durchgehenden Zierleiste erkennen, die gleichzeitig Trennlinie der Zweifarben-Lackierung war.

Der hier abgebildete Luxuszug trägt die damals im Zubehör erhältliche Sonnenblende und die Z-Zierleiste am Grill.

Die Tagesproduktion des Zwickauer Automobilwerkes im Jahre 1959 vor und nach der Bahnverladung.

P 60 = Trabant 600

Foto: Torsten Maue © CC-BY-SA-4.0

Einen weiteren Schritt in Richtung Klassenerhalt tat man 1962 mit der Einführung des auf 600 cm³ vergrößerten Motors. Nachdem im Juli die Nullserie mit dem neuen Motor (jetzt Typ P 60) zur Zufriedenheit der Entwickler gelaufen war, wurden auch die Serienwagen ab Oktober damit ausgeliefert.

Der neue Motor war komplett überarbeitet, bis auf Flachschieber, Druckfedern und Schwungscheibe wurde kein Teil des P 50/2 beibehalten. Wichtigste, grundlegende Änderung waren die Käfignadellager der Pleuellagerung.

Zur Hubraumvergrößerung wurde die Bohrung bei gleichem Hub von 66 mm auf 72 mm erweitert. Die Verdichtung stieg auf 1:7,6, das Drehmoment von 4,5 auf 5,2 kpm. Dadurch wurde nun eine Leistung von 23 PS bei etwa gleicher Drehzahl (3900 U/min) erreicht. Vor allem das erhöhte Drehmoment verlangte den Einbau einer stärkeren Kupplung (LR5) mit einer axial gefederten Kupplungsscheibe. Die Weiterentwicklung war nahezu ausschließlich im VEB Barkas-Werke betrieben worden, das ZEK stand lediglich noch mit seinem Motorenprüfstand zur Verfügung.

Schnittdarstellung der P-60-Antriebseinheit, die bis auf wenige Teile komplett überarbeitet worden war.

SACHSENRING Informationsdienst

MITTEILUNGEN DES VEB SACHSENRING AUTOMOBILWERKE ZWICKAU

Tr. 121 I u. A 53

Pkw Trabant Typ P 60

1. **Einleitung**

Im Monat Juli 1962 lief bereits die 0-Serie des Motors Ausführung 600 cm^3 von unserem Montageband. Die bisherigen Testergebnisse sind positiv, so daß mit dem Serienanlauf im IV. Quartal 1962 zu rechnen ist.
Der Motor Typ P 60 ist eine Weiterentwicklung auf der Grundlage des bisherigen Types.
Grundsätzlich ist zu sagen, daß gegenüber dem Motor Typ P 50/2 (Ausführung 20 PS 500 cm^3, für Synchrongetriebe) nur noch Flachschieber mit Druckfedern, Schwungscheibe, Kühlluftgehäuse sowie komplette Auspuffanlage gleich sind. Es wurden also sämtliche Einzelteile wie Kolben, Zylinder, Zylinderkopf, Kurbelwelle und Kurbelgehäuse konstruktiv geändert.
Nachfolgend geben wir Ihnen hierzu die technischen Daten, Einbauvorschriften usw. bekannt.

2. **Technische Daten**

Typ	P 60
Zylinderbohrung	72 mm
Gesamthubraum	595 cm^3
Verdichtung	7,6
Leistung, max.	23 PS bei 3800 ... 3900 U/min
Drehmoment, max.	5,2 Kpm bei 2700 ... 2800 U/min
Pleuellager	Nadellager
Kraftstoff	VK-Extra (MOZ 78) wird empfohlen
Vergaser	28 HB 2 – 2
Hauptdüse	115
Zündeinstellung	24° vor oberem Totpunkt = 4 $\pm$ 0,4 mm Kolbenweg
Kontaktabstand am Unterbrecher	0,4 $\pm$ 0,05 mm
Zündkerze	M 18 x 1,5 Wärmewert 240
Elektrodenabstand	0,6 mm
Schmierung, Mischungsverhältnis	Hyzet-Öl, 1:33¹/₃
Gewicht	56 kg
Kupplung	LR 5

3. **Betrachtungen der einzelnen Baugruppen**

3.1 **Kurbelgehäuse**

Das Kurbelgehäuse ist wie bisher zweiteilig. Gegenüber der Ausführung 500 cm^3 sind einige Änderungen feststellbar.

3.11 Schwungscheibenseitig sind drei Gewindebohrungen vorhanden, die zur Befestigung eines Abschlußdeckels, der gleichzeitig den Radialdichtring 55 x 70 x 8 DIN 6503 führt, dienen. Der Abschlußdeckel ist durch eine Dichtung 4160 811 04 abgedichtet. Das Auswechseln des Radialdichtringes kann also ohne Gehäusedemontage erfolgen.

3.12 Infolge der im Durchmesser größeren Kolben wurde die Aussparung für die eintauchenden Kolben geändert.

3.13 An der unteren Gehäusehälfte befindet sich eine Gewindebohrung für die Abstützung des Unterbrechergehäuses.

Bereits im Sommer 1962 kündigte ein Kundendienst-Rundschreiben den größeren Zweitaktmotor an, der dann ab Oktober des gleichen Jahres in die Serienproduktion kam.

Zu Testzwecken hatte man übrigens schon von Dezember 1961 bis April 1962 acht Trabant-Testwagen mit dem neuen Motor auf die Rundstrecke geschickt.
Mit dem neuen Triebwerk erreichte der Trabant nun in 24 Sekunden (gegenüber 30 s) die 80-Stundenkilometer-Marke und konnte so in der Klasse bis 750 cm^3 Hubraum gut mitschwimmen. Allerdings bedurfte es dafür auch des etwas teureren »VK Extra« (Vergaser-Kraftstoff) mit 78 Oktan. Bis dahin hatte sich der kleine Zwickauer noch mit heute erstaunlichen 72 Oktan begnügt.
Der Höhepunkt der Entwicklung war mit dem »Sechshunderter« zweifellos erreicht. Dem bisherigen System treu bleibend startete der Motor jetzt mit der Nummer 60-000 001.
Zum Jahresende kam mit dem neuen Motor noch ein neuer Vergaser (HB 28 2-2) mit vergrößerter Hauptdüse.

1963

Die 1963er Modelle waren bei den Sonderwünschlern (Preis jetzt 8840 Mark) und Kombis wieder durch eine neue Farbgestaltung zu erkennen. Nur noch ein handbreiter, durch zwei Zierleisten begrenzter Streifen setzte sich farblich vom Grundton ab. Alle Modelle zierte nun die »600« unter dem Trabant-Schriftzug am Heck des Fahrzeugs.

- Ab Fahrgestellnr. 63-00 980 kam ein neues, in Form und Material (Miramid) verändertes, Lenkrad zum Einsatz.
- Ab Fahrgestellnr. 63-20 730 Verwendung neuer Bremsen mit automatischer Nachstellung. Ein Nachstellhebel drückte in Verbindung mit Rückzugsfeder und Mitnehmer bei Verschleiß die Bremsbacken weiter nach außen. Das Bremsspiel konnte mit dieser Mechanik an allen Rädern gleich gehalten werden.

Nur noch ein schmaler, von Zierleisten eingefasster Farbstreifen kennzeichnete die Sonderwunsch-Modelle ab 1963.

Die Sonderwunschausführung machte ab 1963 farblich zwischen Kombi und Limousine keine Unterschiede mehr.

Die Produzenten so genannter Konsumgüter boten auch 1963 eine Reihe von mehr oder weniger sinnvollen Accessoires an. Die vom Werk Fahrzeughydraulik Frankenberg angebotene »Gepäckablage« konnte mit wenigen Handgriffen unter dem Armaturenbrett befestigt werden und gehörte später beim 601 zur Standardausrüstung.

Außerdem sollten das Radio »Stern 3«, das sich im Handschuhfach unterbringen ließ, oder der Rückenlehnenversteller »Drehfix«, der durch einen einfachen Mechanismus die vorderen Sitze in Liegen verwandelte, erwähnt werden.

Das Jahr 1964 brachte dem Trabant 600 keine wesentlichen Änderungen mehr. Obgleich noch mehr als 36 000 Sechshunderter gebaut wurden, konzentrierte sich der sächsische Fahrzeughersteller auf die Einführung des Nachfolgers P 601 in die Produktion.

Die oben dargelegten Entwicklungsstufen des Trabant wurden keineswegs so locker erreicht, wie sie heute niedergeschrieben werden können. Ein ungeheuer aufgeblähter Bürokratismus und Entscheidungswahn auf politischer und wirtschaftlicher Ebene, wie bereits in den Kapiteln zuvor beschrieben, bremste den Elan der Konstrukteure. Nicht nur, dass sich die Produktionseinführungen über Wochen hinzogen, auch waren die Neuerungen oft nicht voll ausgereift, und die Nachbesserungen belasteten Kundendienste und das Ansehen des Werks gleichermaßen.

Die schnellsten Trabant-Verbesserer waren übrigens deren Fahrer selbst. In der vom ***Deutschen Straßenverkehr*** eingerichteten Rubrik »Du und Dein Trabant« kamen selbige zu Wort, um einerseits zu kritisieren, andererseits um ihre Basteleien, die nicht selten lächerlich waren, aber auch interessante Vorschläge und Wünsche offerierten, vorzustellen. Einige wurden im Laufe der Zeit in Zwickau sogar konstruktiv umgesetzt.

Eine »600« ergänzte nun den Trabant-Schriftzug am Heck.

■ *Kleinwagen-Ambiente im Trabant 600 – hier schon mit dem neuen Lenkrad.*

■ *(Abb. rechts) Im Laufe der Zeit wurde für den Trabant allerlei Zubehör angeboten. Dazu zählte auch das Dachzelt der Firma Gerhard Müller in Limbach-Oberfrohna. Allerdings begann die offizielle Fertigung der Zelte erst 1979.*

■ *Ab Fahrgestellnummer 63-20 730 erhielt der Trabant ein neues Lenkrad aus dem Kunststoff Miramid.*

Der Trabi in den Medien

»Es gab wohl kaum ein Fahrzeug, an dessen Entwicklung die Bevölkerung so großen Anteil nahm wie am Trabant.« So lautete der erste Satz eines Testberichts aus dem ***Deutschen Straßenverkehr***, Ausgabe 8/58, und brachte auf den Punkt, was das DDR-Volk in den letzten Jahren wirklich interessiert hatte. Nun war er also endlich da; die DDR hatte ihren ersten völlig selbst konstruierten Kleinwagen. Aber welch schwere Geburt war es gewesen, welch langer, zeitraubender und Kräfte zehrender Weg lag hinter denen, die ihn erschaffen hatten! Und welchen Leidensweg war die ostdeutsche Presse als Mittlerin zwischen Automobilbauern und Staatsführung auf der einen und dem automobilbegeisterten Volk auf der anderen Seite gegangen! Die ganz große Begeisterung fehlte, als der Wagen dann wirklich endlich auf dem Markt erschien; Nüchternheit, Sachlichkeit und immer noch Objektivität prägten die ersten Artikel der Motorzeitschriften.

Während der ***Straßenverkehr*** also schon im August 1958 den ersten Trabant-Test präsentiert und dafür nur einen schlecht verarbeiteten Vorserienwagen zur Verfügung hatte, folgte ein Test der Zeitschrift ***Kraftfahrzeugtechnik*** erst gut zwei Jahre später, mit einem 59er Modell. Auch an diesem Wagen war nach wie vor die Verarbeitung zu bemängeln, ebenso wie der hohe Spritverbrauch, die schlechte Federung oder die lauten Fahrgeräusche. Diese kamen ja unter anderem vom »nicht mehr dem Stand der Technik entsprechenden«

*Der **Straßenverkehr** brachte eine Reihe schöner Titelseiten zum Thema Trabant P 50. Indes waren durchaus auch kritische Töne bei der Trabant-Vorstellung zu hören*

(*KFT* 9/60), unsynchronisierten Getriebe. Auch der ***Illustrierte Motorsport*** mischte kritische Töne in seine Trabant-Vorstellung. Die Ansprüche waren eben auch in der DDR gestiegen und die Erwartungen gegenüber dem P 70 damals deutlich geringer als nun beim Nachfolger. Freilich überwogen in den Berichterstattungen stets die positiven Aspekte des neuen Kleinen aus Zwickau und das war ja zweifellos auch richtig. Fahrverhalten, Platz- und Sichtverhältnisse, Einstieg und Lenkung wurden zum Beispiel durchgängig gelobt.

Und die Fachzeitschriften der westlichen Hemisphäre? Die skandinavische Presse, wie übrigens auch die österreichische, ging gewohnt objektiv zur Sache; erkannte natürlich auch die oben aufgeführten Schwächen, blieb dem P 50 im Grundton aber positiv gesinnt. Mehrere Trabant-Exkursionen durch die Länder Nordeuropas mögen einen Beitrag dazu geleistet haben. Die skandinavischen Länder blieben jedenfalls außerhalb des Ostblocks europäischer Exportmarkt Nummer eins für den kleinen Zwickauer.

In den bundesdeutschen Blättern beschränkte man sich zunächst auf eine kurze, nüchterne Vorstellung des Wagens mit wenigen kommentierenden Anmerkungen, außer der nachfolgend jahrelang gebetsmühlenartig in allen Trabant-Berichten wiederkehrenden Bemerkung, dass dieser Wagen doch dem Lloyd 400 sehr ähnlich sehe oder diesem sogar nachgebaut worden sei.

Nur einer, der es besser wusste, beschrieb den Trabant und seine Entwicklungsgeschichte ausführlicher: Der seit 1959 amtierende Chefredakteur der Zeitschrift *Das Motorrad* – Siegfried Rauch. Seine Ausführungen im Magazin ***Rollermobil und Kleinwagen***, Ausgabe 12/58, fanden sich bei anderen Autoren späterer Artikel teilweise wörtlich übernommen wieder.

■ *Auch die dritte Kraftfahrzeug-Zeitschrift der DDR, normalerweise für den Motorsport zuständig, widmete sich ausführlich dem Thema Trabant.*

Ab 1961 wurde der Trabant als »Sachsenring P 50« über die Wartburg-Händler in der Bundesrepublik angeboten. In der Preisliste waren die verschiedenen Modelle nicht gerade als Schnäppchen ausgeschrieben: 3415 DM kostete die einfarbige Limousine, 3490 DM die zweifarbige Ausführung, 3890 DM der Kombi und 3790 Mark sollte der geschlossene Lieferwagen kosten. Zum Vergleich: ein VW Käfer Standard kostete 1961 mit unsynchronisiertem Getriebe und Seilzugbremsen (!) 3810 DM, ein Lloyd 600 mit unsynchronisiertem Dreiganggetriebe 3470 DM (Kombi 3570 DM), und 3800 DM waren für den fortschrittlicheren NSU Prinz II hinzublättern.

Die Motorpresse, die mehr oder weniger üppig über das neue Angebot auf dem westdeutschen Markt berichtete, war sich einig: Eine Chance würde dieser Kleinwagen sowjetzonaler Herkunft nicht haben. Sie behielt Recht: die Zahl der abgesetzten Fahrzeuge blieb so gering, dass sie nicht mal in die offiziellen Statistiken aufgenommen wurde.

Ausführlicheres war in der Zeitschrift *mot*, Heft 7/61, vom Motorjournalisten Paul Simsa zu lesen. In seinem Artikel »Start ohne Chance« ließ Simsa keinen Zweifel daran, dass der Trabant nach bundesdeutschen Maßstäben zum »alten Eisen« gehörte. 1961 konnte man das wohl durchaus gelten lassen. Die westdeutsche Automobilindustrie war in Europa dominant geworden, die Entwicklungssprünge der letzten Jahre waren gewaltig gewesen. Dennoch durfte man aber nicht verschweigen, dass sich der P 50 auch im Jahre 1961 im kapitalistischen Deutschland immer noch in bester Gesellschaft befand. Und im internationalen Maßstab erst recht. Denn da irrte Simsa, wenn er schrieb, »... dass der Wagen bei seinem Erscheinen längst nicht mehr dem Stand der internationalen Technik entspricht.«

Noch etwas mehr vom

Trabant

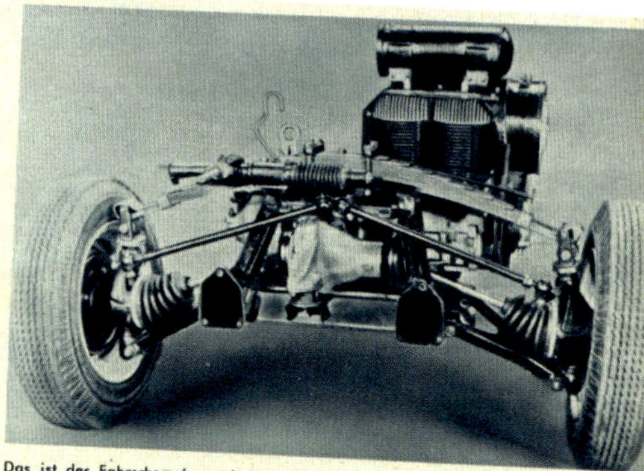

Das ist der Fahrschemel, zu dem das gesamte Triebwerk mit Lenkung, Antrieb und Vorderrädern zusammengefaßt ist. Mittels der beiden Dreiecks-Flansche erfolgt der Anschluß am tragenden Wagenkasten.

Wir hatten bereits in unserem November-Heft (S. 410) eine kurze Beschreibung und eine Zusammenstellung der wichtigsten technischen Daten des von der volkseigenen Fahrzeugindustrie der DDR entwickelten und bereits in größerer Vorserie gebauten Kleinwagens P 50 gebracht, der inzwischen den Namen TRABANT erhielt. Tatsächlich läuft die Entwicklung dieses kleinen Wagens schon seit 1951, bereits Ende 1954 hatte man sechs Versuchswagen in Erprobung — aber der Serienanlauf verzögerte sich noch lange, weil man immer wieder bestrebt war, das Fahrzeug dem neuesten Stand der Technik anzupassen — allerdings mehr oder weniger nur in Äußerlichkeiten, während die ursprüngliche Konzeption erhalten blieb. Gedacht war der Wagen schon bei Entwicklungsbeginn als Ablösung des ja in Zwickau nach dem Krieg zunächst unverändert wie 1939 weitergebauten DKW F 8. Aber als dann offensichtlich wurde, daß auch 1955 der Serienanlauf noch nicht erfolgen werde, ergriffen die Zwickauer Audi-Leute selbst die Initiative, nahmen die Kunststoff-Formteile, die für den P 50 bestimmt waren (mit nur geringfügigen Änderungen der Längen), verkürzten das F 8-Chassis, drehten den Motor herum (wie man das ja in Ingolstadt schon früher auch gemacht hatte) und beplankten mit den Kunststoffteilen ein Karosserie-Holzgerippe: das war der P 70, den man dann, um in Ruhe den P 50 fertigmachen zu können, seitens des vorgeordneten Ministeriums auch in Serie gehen ließ. Ansonsten hat der Trabant, der ehemalige P 50, mit dem P 70 nichts gemein — er stellt eine völlig selbständige Neuentwicklung dar, wobei die Duroplast-Karosserieformteile auf ein Stahlgerippe aufgebracht sind, das mit der Bodenplatte des Wagens zu einer selbsttragenden Einheit verschweißt ist. Zweitaktmotor und Frontantrieb wurden beibehalten — entsprechen aber nun mit 500 ccm, Luftkühlung durch Axial-Gebläse, Vierganggetriebe mit Freilauf und Trockenkupplung dem heutigen technischen Stand. Um den Zweizylinder-Zweitakter, der mit einer Leistung von 18 PS bei nur 3750 U/min geliefert werden soll, gegenüber dem Viertakter konkurrenzfähig hinsichtlich des Verbrauchs und überlegen bezüglich der Leistung bei niedrigen Drehzahlen zu machen, wurde für den Einlaß eine Plattenschieber-Steuerung gewählt, mit der man sich in jahrelangen Versuchen sehr eingehend beschäftigte, und die zweifellos diesem Kleinwagen ein Plus gegenüber vergleichbaren anderen Fahrzeugen geben wird.

Das ganze Triebwerk ist samt den durch seitliche Gelenkwellen angetriebenen Vorderrädern, die an Querlenkern und oberer Querblattfeder aufgehängt sind, als Fahrschemel ausgebildet — es wird mit zwei Flanschen an den Anschluß-Trägern der Bodenplatte verschraubt und kann so bei Reparaturen komplett nach vorn ausgefahren werden, wie man das ja von größeren Fahrzeugen her bereits kennt. Zahnstangenlenkung, Teleskopdämpfer und getrennte Licht- und Anlaßmaschine entsprechen durchweg den heute gebräuchlichen Baudetails für Wagen dieser Größenordnung.

Die Hinterräder erhielten — die DKW-Schwebeachse wird nicht mehr verwendet — ebenfalls Einzelaufhängung an nach vorn abstützenden, gummigelagerten Dreieckslenkern, die wiederum durch eine Querblattfeder abgefedert sind. Um jedoch nicht durch einen Federtunnel Passagier- oder Kofferraum zu verlieren, wurde die Feder nicht über, sondern hinter den Querarmen der Lenker eingebaut — eine recht gelungene Lösung, die mit eine Erklärung für den verhältnismäßig großen Innenraum dieses Kleinwagens ist.

Das Zwischenschieben der immerhin etwa zwei Jahre lang gebauten P 70-Serie gab eine willkommene Gelegenheit, das Karosserie-Kunststoffmaterial unter wirklichen Alltagsbedingungen zu erproben — von den üblichen Kleinigkeiten, die bei solchen Neuentwicklungen unvermeidlich sind, abgesehen gab es keine grundsätzlichen Beanstandungen. Natürlich ist aber auch hier die Lösung der technologischen Fertigungsaufgabe wie bei allen Kunststoffkarosserien, das schwierigere Problem, weil eine solche Fertigung nun mal einen erheblichen Zeitaufwand bedingt, der wiederum, wenn man in Großserie bauen will, recht beachtliche Investitionen für zahlreiche parallele Fertigungsstraßen notwendig macht.

Daß mit wirklichen Großserien gerechnet wird, liegt auf der Hand: auf den Kleinwagen aus Zwickau wartet nicht nur die DDR, sondern auch ein beträchtlicher Teil des östlichen Wirtschaftsraumes, in dem andere Kleinwagenentwicklungen noch nicht so weit vorangetrieben sind, wie die des Trabant.. Und das bestehende „Loch“ gerade in den Fahrzeugklassen ist auch deshalb bedeutend, weil man sich aus guten Gründen in den zurückliegenden Jahren von allen Zwitterbauten zwischen Motorrad und wirklichem Kleinwagen fernhielt.

Ra

Das Triebwerk bzw. der Fahrschemel von unten: die Dreiecks-Querlenker sind geschweißte Blechträger, sie sind ebenso wie alle anderen Drehpunkte der Vorderradaufhängung in Gummi gelagert. Doppeltwirkende Teledämpfer vorn und hinten.

Die originelle Ausführung der Hinterrad-Einzelaufhängung an Dreieckslenkern, Blattfeder hinter die Lenker tiefgelegt, um Innenraum zu sparen. Die Hauptbremse des Wagens ist hydraulisch, die hier sichtbaren Bremsseile gehören zur Handbremse.

Gewohnt sachlich stellte Siegfried Rauch den Trabant im Heft 12/1958 von Rollermobil und Kleinwagen vor.

Was der westdeutsche Kleinwagenkäufer sich 1961 wünschte, klang bei Simsa so: »Aber man erwartet bei uns von einem Kleinwagen doch bessere Federung, bessere Wagenlüftung (der Trabant hat nur Schiebefenster), verfeinerte Ausstattung und hat keine Lust mehr, in einem unsynchronisierten Vierganggetriebe herumzukratzen ...«

Alles in allem kann man dem Autor bescheinigen, um Objektivität bemüht gewesen zu sein, was man von einem seiner (nicht genannten) Kollegen, der in ***mot*** 1/63 einen Fahrbericht »Sachsenring P 50 – ein Auto aus Zwickau« veröffentlichte, nicht behaupten möchte. Da wird unsachlich berichtet und teilweise auf unterstem Niveau kolportiert. »Das Armaturenbrett erinnert ... an eine Konservendose mittlerer Qualität« und ähnliche Sprüche hätten doch wenigstens der Redaktion vor der Veröffentlichung zu denken geben müssen.

Der Ausstellungsraum des finnischen IFA-Importeurs Auto-Ala im Jahre 1960.

Aus dem Osten

MR 19/1958

Der Sachsenring „Trabant"

Ein Mitteldeutscher Kleinwagen: 500 ccm, 18 PS, luftgekühlter Zweitakter, Frontantrieb, Kunststoff-Karosserie, fahrfertig 620 kg

Wagenlänge 338 cm, Breite 150 cm. Zulässiges Gesamtgewicht 950 kg. Bereifung 5,20—13. — Benzinverbrauch 6 bis 7,5 L/100 km.

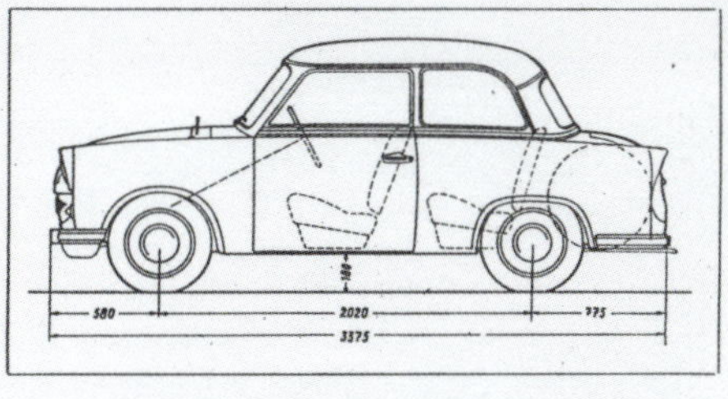

Nicht mehr nur in der Fachliteratur, sondern auch auf den mitteldeutschen Straßen kann man nun den neuen Sachsenring-Kleinwagen „Trabant" sehen und bewundern. Auch bewundern, weil er trotz kürzerem Radstand (2020 mm) eine wesentlich ruhigere Straßenlage als sein Vorgänger „P 70" hat. Das System „Schwebeachse" hinten wurde zugunsten der Einzelradaufhängung mit Querlenkern und niedrig angeordneter, progressiv wirkender Querfeder aufgegeben. Der erzielte Gewinn ist überzeugend. Wenn man im 80er Schnitt (Höchstgeschwindigkeit 90 km/h) über die Autobahn rollt, hat man nicht unbedingt das Empfinden, einen Halbliterwagen zu fahren. Die Innenmaße sind natürlich sparsam bemessen (lichte Weite am Vorder-/Hintersitz 1220/1170 mm). Immerhin, der Trabant ist ein echter Viersitzer, zwar mit wenig Bein-, dafür um so mehr Kopfraum (Sitzhöhe 940/890 mm.) Die Durchzugskraft des 500 ccm luftgekühlten Twin-Fronttriebwerks (18 PS bei 3750 U/min) ist beachtlich, ebenso das Stehvermögen. Eine Überhitzung dürfte ziemlich ausgeschlossen sein. Das Drehmoment des unsymmetrisch gesteuerten Zweitakters (4,5 mkg bei 2500 U/min) lernt man schätzen, wenn es einmal besonders „darauf ankommt". Für die Sicherheit der Insassen ist immer wieder die Bauart der Karosserie bedeutungsvoll. Das Stahlblechgerippe mit stabiler Bodentragplatte und Duroplast-Beplankung hat sich bereits beim „P 70" als ein überaus widerstandsfähiger und sicherer Wagenkörper erwiesen. In manchem, bei schwerem Unfall scheinbar total zertrümmerten Auto mit Kunststoffkarosserie blieben die Fahrgäste so gut wie unverletzt. Und wenn nicht nur in Mitteldeutschland (infolge des natürlichen Bedarfs), sondern künftig auch im Ausland sehr gern nach dem wenig Verkehrs- und Parkraum beanspruchenden „kleinen Sachsenring" gegriffen wird, dann nicht zuletzt eben wegen dieser korrosionsfesten und sicheren Karosserie. — Kar.

*Interessanterweise stellte die bundesdeutsche **Motor-Rundschau** in ihrer Ausgabe 19/1958 die passive Sicherheit des Trabant heraus, ein Punkt, der nach der politischen Wende von westdeutschen Medien genau andersherum dargestellt wurde.*

TG 86-42

Der »neue« Trabant 601

Das Adjektiv »neu« in Anführungsstriche zu setzen macht natürlich nur Sinn, wenn es mit dem Neuen nicht weit her ist. Tatsächlich war am Trabant 601 nur sein äußeres Erscheinungsbild neu, geschickt in Szene gesetzt durch relativ geringfügig geänderte Karosserieteile.

Der P 60 wird heimlich renoviert

Im Sommer 1959 erhielt die Konstruktion des VEB Sachsenring Automobilwerke Zwickau von der Leitung der VVB IFA den Auftrag, eine leicht veränderte, modernisierte Karosserie des P 50 unter Beibehaltung der derzeit verwendeten Grundform und möglichst vieler Außenteile zu entwerfen. Seitens der VVB dachte man lediglich an eine Veränderung der Heckfenster und hinteren Dachpartie zugunsten einer bisher nur im Ansatz vorhandenen Hutablage und verbesserter Kopffreiheit im Fond. Natürlich sollte auch ein zeitgemäßeres Erscheinungsbild, wie es etwa eine hintere (eventuell auch vordere) Panoramascheibe liefern konnte, an den Reißbrettern berücksichtigt werden.

Dem ehrgeizigen Dipl.-Ingenieur und späteren Doktor Werner Lang und seinen Mitarbeitern ging die Forderung nicht weit genug. Lang wusste, dass sich die Wirtschaft (die dann trotz allem Ende der fünfziger bis Mitte der sechziger Jahre ihren automobilproduktiven Höhepunkt erreichte) schwer damit tat, Neuerungen in Serienprodukte umzusetzen, und ihm war klar, dass ein veränderter P 50 gründlicher überarbeitet sein müsste. Denn zum einen würden vermutlich Jahre ins Land gehen, ehe eine neue Konzeption, sei sie auch noch so geringfügig anders, in Serie hergestellt werden könnte, zum anderen, wenn sie dann käme, müsste sie vielleicht viele weitere Jahre auf dem (Welt?-)Markt Bestand haben.

In Zwickau wusste man auch, dass die Form des P 50 die der frühen bis mittleren 1950er Jahre war und Panoramascheiben da nur bedingt etwas verändern konnten.

Lang, der seit der Zusammenlegung alles zu unterschreiben hatte, was konstruktiv in Sachen P 50 und Nachfolgetypen lief, ordnete an, zwei Versuchswagen aufzubauen: Ein Modell entsprechend den Vorstellungen der VVB IFA und ein weiteres Muster mit weitgehend neu durchgestyltem Karosseriefinish. Bei letzterem ließ man sich von der gerade in Mode gekommenen Doppeltrapezform leiten, das hieß, von der Seite betrachtet bildete die Karosserie oberhalb und unterhalb der Gürtellinie des Wagens zwei zueinander gegensätzlich angeordnete Trapeze.

Im Dezember 1959 wurden die Spitzenfunktionäre der VVB vorstellig, um die Umsetzung ihrer Vorgaben zu begutachten. Selbstverständlich war der Aufbau eines zweiten Wagens geheim gehalten worden, und so führte Werner Lang seinen Namensvetter Kurt und dessen Begleitung zunächst in einen Raum, in welchem deren Wunschausführung des Wagens stand. In einer geschickten Gesprächsführung argumentierte

P-50-Versuchswagen von 1959 mit Panorama-Heckscheibe, nach den Vorstellungen der IFA-Generaldirektion. Die Außenhaut der Versuchswagen jener Zeit wurde wieder aus GfK in Handfertigung realisiert.

Und so sah im selben Jahr das Modell aus, dass sich Konstruktionschef Lang und seine Mitarbeiter als P-50-Nachfolger vorstellten. Hier sind die Grundzüge des späteren P 601 durchaus schon erkennbar.

der Konstruktionsleiter gegen den durchaus für gut befundenen Versuch und entlockte somit dem VVB-Generaldirektor die Frage, was er denn für Vorstellungen hätte. Das war das Stichwort; die Gruppe wurde in einen Nebenraum, in dem ein abgedecktes Fahrzeug stand, geführt. Das Tuch wurde gelüftet und es zeigte sich darunter in seiner äußeren Form im Dezember 1959 schon das, was einmal, mit geringen Abweichungen, der Trabant P 601 werden sollte.
Ablehnung, Entrüstung und Ärger schlug den Zwickauer Mannen entgegen; doch diese hatten die besseren Argumente auf ihrer Seite und konnten zunächst die Staatliche Plankommission und schließlich den ansonsten fortschrittlich eingestellten IFA-Chef überzeugen. Der sorgte sich ja auch primär um die ihm vorgegebenen Produktionszahlen, die gewaltige jährliche Steigerungsraten beinhalteten und bei größeren Änderungen am Grundtyp P 50 in Frage gestellt worden wären.

Der legalisierte »Schwarzbau«

Also wurde der Schwarzbau der Zwickauer – wieder einmal – abgesegnet, aber im Nachhinein offiziell als Auftrag der VVB IFA ausgegeben. Die Aufgabenstellung wurde später wie folgt formuliert:

- Die Karosserie ist so zu gestalten, dass Duroplastmaterialien zu einem technologisch und ökonomisch günstigeren Einsatz kommen.
- Die Bodengruppe mit ihren Radeinbauten einschließlich Stirnwand ist zu übernehmen, um Trieb- und Fahrwerk beibehalten zu können.
- Verwendung möglichst vieler Außenhautteile des P 50.
- Rücksichtnahme auf vorhandene Fertigungseinrichtungen, die unverändert im Produktionsprozess verbleiben müssen.

Und wie sah schließlich das Ergebnis aus? Der Wagen war gut 4 cm höher, blieb aber ansonsten in den Außenabmessungen nahezu unverändert. Die Gesamtlänge war lediglich durch die veränderten Stoßstangen gewachsen. Auch das Gewicht hatte sich kaum verändert. Mit 615 kg war der neue Trabant 5 kg leichter als der alte, das Ziel, auf 600 kg herunterzukommen, konnte nicht erreicht werden. Die eingesparte Masse durfte jetzt mehr zugeladen werden, das zulässige Gesamtgewicht aber auch weiterhin 950 kg nicht übersteigen.
Die vorderen Kotflügel und, mit geringen Änderungen (Griffausschnitt), auch die Türteile aus Duroplast wurden vom Vorgänger übernommen. Mit den Kotflügeln mussten auch

Dach- und Heckgestaltung fielen beim neuen Karosseriegrundkörper des Trabant 601 besonders auf.

■ *Mit der neu gestalteten Frontpartie erhielt der Trabant ein zehntes Karosserieteil aus Duroplast.*

■ *Das Kennzeichen TG 80-38 am Versuchswagen V 0041, dem ersten P-601-Fertigungsmuster in seiner endgültigen Form. Der seitliche Lackstreifen entfiel wenig später.*

die IFA-Einheitsscheinwerfer samt ihren plumpen Einfassungen beibehalten werden. Auch die Bombierungen aller Seitenteile blieben, wie bereits berichtet, ebenso unverändert wie die Schräglage der Türfenster. Eine aufeinander abgestimmte Steilung von Front- und zurückgesetzter Heckscheibe und eine hinten leicht überstehende Dachkante ließen den Wagen gestreckter und länger erscheinen. Die Glasfläche war gegenüber dem P 50 um 26 % gewachsen. Die Motorhaube endete vorn quer auf Höhe des Radius der Scheinwerfer, was in Form einer Kühlerschürze (mit integriertem Grill aus Streckmetall) ein zehntes Duroplastteil erforderlich machte. Das neue Gesicht mit den hinter dem Gitterrost sichtbaren Lufteintrittsöffnungen (»Ostereier«) sorgte für gespaltene Meinungen. Mit dem leicht abnehmbaren Frontteil

und der bis auf den Rist der vorderen Kotflügel reichenden Motorhaube war der Motorraum, in dem sich nichts verändert hatte, nun besser zugänglich.
Das konnte man von dem ein wenig größer gewordenen Kofferraum (420 Liter) nicht behaupten. Dessen Klappe reichte nicht mal mehr bis zur Mitte der neuen Heckleuchten und war infolge des zurückgesetzten Heckfensters recht schmal geraten.

Rationalisierungsmaßnahmen

Für die Karosseriefertigung konnten bis zum Serienstart des P 601 noch einmal einige entscheidende Rationalisierungsmaßnahmen wirksam werden. Das Karosseriegerippe wurde nun aus erheblich weniger Teilen überwiegend im Punktschweißverfahren zusammengesetzt, wobei die Seitenteile auf einem neuen Montageband vorgefertigt wurden. Die Gestaltung der Außenteile in den Bereichen der Kotflügel, Motorhaube und Kofferraumklappe ließ die Möglichkeit von bis zu 8 mm breiten Fugen zu, was eine rationellere Kunststoffteile-Fertigung mit weniger manuellem Aufwand gestattete. Alle Seitenteile wurden nun mit Kautschuk- oder Polyurethan-Klebstoff an das Blechgerippe geklebt. Übrigens betrug der Anteil von Duroplastteilen an der gesamten Karosserie nur 14,4 %.
Schließlich reduzierte auch ein neuer 80°-Kunstharzdecklack, der eine Zweischichtlackierung erlaubte, die Produktionszeit für einen Trabant auf nunmehr knapp unter 70 Stunden, das waren immerhin mehr als 60 % weniger als zu Beginn der P-50-Produktion. Der Rationalisierungsschub wurde dann im

Neue Klebstoffsorten und mögliche gröbere Spaltmaße vereinfachten die Herstellung und die Anbringung der Duroplastteile an das Fahrzeuggerippe.

Jahre 1965 ganz deutlich, liefen doch 10 000 Trabant mehr vom Band als im Jahr zuvor. Das blieb dann auch die höchste Steigerungsrate während der gesamten Produktionszeit.

Was sonst noch neu war

Neben der auffällig veränderten Karosserieform gab es noch einige weniger markante Details, die den Trabant 601 von seinem Vorgänger unterschieden. So entriegelten zum Beispiel Druckknöpfe an einem fest angeschraubten Türgriff die neuen Sternschlösser. Der Griff fand dann später an der Heckklappe des Kombis Verwendung, während der Druckknopf allein auch den Kofferraum der Limousine öffnete. Ein Schlüssel genügte für beide Schlösser; die Beifahrertür war nur mittels Zugknopf ver- und entriegelbar. Endlich sorgte ein Kurbelautomat für die Versenkung der Türscheiben, und ein Windabweiser in der oberen rechten Fensterecke sollte vor Zugluft schützen. Der Außenspiegel konnte nun wieder dank fehlender Plastik-Ausstellscheibe am vorderen Türrahmen fixiert werden. Geänderte Türscharniere sorgten für einen größeren Öffnungswinkel (85°).

Der Innenraum, der den Fondpassagieren mehr Freiheit gewährte (Knie 10 mm, Kopf 35 mm), war ein wenig komfortabler geworden. Zwei Sonnenblenden, Halteschlaufen sowie Kleiderhaken und Aschenbecher im Fond gehörten ebenso zur Standardausrüstung wie ein eingeklebter Dachhimmel aus Kunststoff (Faservlies) und Schaumgummiauflagen auf den Radverkleidungen als Armstützen für die Fondpassagiere. Tür- und Seitenverkleidungen wurden nicht mehr angeschraubt,

Auch diesem Zwickauer Spross blieben Unfallsimulationen nicht erspart.

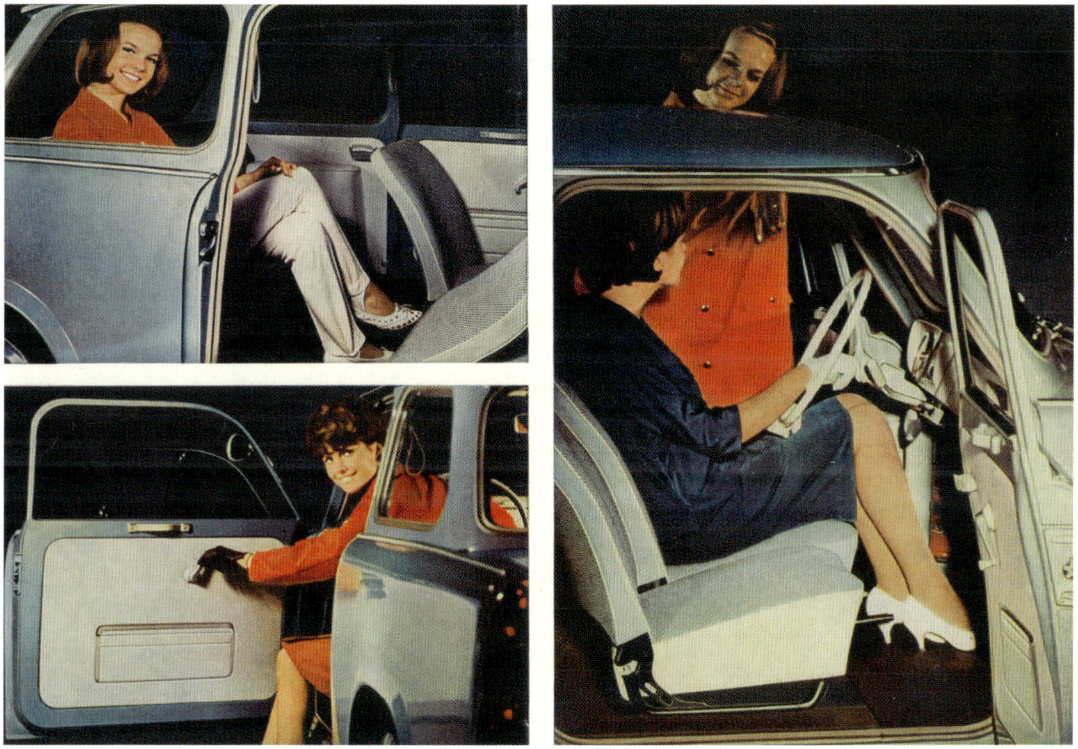

Der Innenraum war ein wenig geräumiger geworden, Tür- und Seitenverkleidungen waren mit Klemmfedern befestigt und nicht mehr geschraubt.

Bis auf einen zusätzlichen Schalter für die Scheibenwaschanlage blieb die Armaturentafel gegenüber dem P 60 zunächst unverändert.

sondern mit verdeckten Klemmfedern befestigt. Der gesamte Innenraum war mit Teppichboden ausgelegt. Eine von vielen kleineren Maßnahmen zur Geräuschminderung (zum Beispiel diverse Antidröhnmatten, unter anderem an der Motorhaube, oder ein neu gestaltetes Kühlluftblech, das bis zum Kurbelgehäuse herabreichte) im Fahrzeuginnern, über deren Wirkung die Tester geteilter Meinung waren. Das galt auch für die verbesserte Heizung durch eine vergrößerte Fläche des Wärmetauschers am Vorschalldämpfer. Die *KFT* fragte in ihrer Ausgabe 8/64: »Es dürfte auch zu überprüfen sein, ob man in einem Wagen mit ›Weltniveauluftkühlung‹ friert oder in einem etwas schwereren Wagen mit geringerem Geräuschpegel im ›Weltniveau‹ sitzt.«

Geteilter Meinung waren die Kritiker auch bei der werkseitig vorgestellten »wesentlichen Verbesserung der Federwirkung« durch eine geringfügig geänderte Achslastverteilung zugunsten der Hinterachse (etwa 20 kg) und der Aufhängung der vorderen Stoßdämpfer an die Querblattfeder (vorher am Dreieckslenker). Die Fahreigenschaften wurden durch diese fahrwerkseitig einzigen Maßnahmen jedenfalls verbessert.

Schließlich bleibt noch nachzutragen, dass im Trabant 601 eine Scheibenwaschanlage von Beginn an serienmäßig vorhanden war. Ein dazugehöriger Betätigungsknopf bereicherte die ansonsten unverändert gebliebene Armaturentafel.

Die Markteinführung

Im Juli 1961 wurde der PKW P 60/1, wie der zukünftige »neue« Trabant vorerst werksintern genannt wurde, in den so genannten »Plan Neue Technik« für das Jahr 1962 aufgenommen. Damals ging man noch davon aus, dass man die zwei Entwicklungsstufen - Synchrongetriebe und 600-cm^3-Motor - schon bis zum ersten Quartal 1962 in die Serienproduktion übernehmen könnte. Darauf aufbauend sollte die dritte Stufe - die neue Karosserie - im vierten Quartal des folgenden Jahres verwirklicht werden. Die Konstruktion hatte die Aufgabe, ihre Arbeiten für den neuen Wagen bis zum 25. Juli 1961 abzuschließen. Das konnten die Mannen um Werner Lang auch weitestgehend realisieren, aber wie schon gesagt, Konstruktion und Produktion in der DDR ...

Wie bereits bekannt, kam der Sechshunderter erst Ende 1962; das war ein Zeitverlust von mehr als einem halben Jahr, der nicht mehr einzuholen war. Die Nullserie von 100 Fahrzeugen des Typs P 601, wie er jetzt namentlich in den Akten geführt wurde, die im Sommer 1963 laufen sollte, wurde dann tatsächlich zu Beginn des Jahres 1964 gebaut. Und so hieß es dann offiziell: »Beginn der Serienfertigung des Trabant 601 am 1. Juni 1964.«

Der Öffentlichkeit präsentierte man den neuen Wagen erstmals anlässlich einer Wirtschafts-Schau »zu Ehren des VI. Parteitages« im Januar 1963. Die Limousine entsprach in der Farbgebung den aktuellen Sonderwunsch-Sechshundertern. Die Fahrzeuge auf der Leipziger Frühjahrsmesse, ein gutes Jahr später, waren dann einfarbig gehalten, und das sollte laut Presseinformation beim Trabant 601 auch so bleiben. Lediglich verchromte Stoßstangen würden auf Wunsch lieferbar sein. Der Preis stand im März 1964 noch nicht fest, was für einige Unruhe sorgte. Drei Monate später wurde er nachgereicht: Mit 7890,60 MDN (Mark der Deutschen Notenbank, offizielle Abkürzung seit 1. August 1964 – löste die auch in der Bundesrepublik gebräuchliche Bezeichnung DM ab) schöpfte man die stetig gestiegene Kaufkraft der Bürger ordentlich ab, was nicht verhinderte, dass die Lieferzeiten für Autos in der DDR länger und länger wurden. Wer 1964 seinen Trabant 601 bestellte,

Das zweite Fertigungsmuster V 0041 trug das Kennzeichen TG 86-42, es diente für erste Werbeaufnahmen und Prospekte. Unter anderem der Spiegel, die Türgummis und die Anbringung von Zierleisten und Gummikeder änderten sich noch.

musste im DDR-Schnitt (in Ostberlin wurde man stets schneller bedient) schon drei Jahre auf den Kleinwagen warten. Fünf PKW wurden damals in Ostdeutschland pro 1000 Einwohner hergestellt, 40 mehr waren es westlich der Elbe. Laut Parteipropaganda sollte bis 1961 der Konsumgüterverbrauch in der DDR den der BRD übertreffen, Autos eingeschlossen. Nach dem VI. Parteitag hieß es dann, der Privatbesitz von Personenkraftwagen sei für einen Vergleich der Lebensstandards nicht relevant. Tausende Wartende mögen da wohl anderer Meinung gewesen sein.

Der Trabant »universal«

Der Kombi konnte erst ein Jahr später nachgereicht werden, obwohl schon erste Versuchswagen im Sommer 1963 gesichtet wurden. Die Entwicklung erfolgte diesmal im Karosseriewerk Meerane, wobei der Vorbau bis zum Ende der Türen dem der Limousine entsprach. Die lang gezogenen Seitenfenster gaben dem Trabant universal, wie der Kombi jetzt hieß, im Vergleich zur Limousine ein stilistisch besseres Erscheinungsbild. Das Dach wurde nun aus Duroplast gefertigt. Da zu Zeiten des Vorgängers noch keine entsprechende Presse zur Verfügung gestanden hatte, waren die P-50/60-Kombidächer aus kostbarem Blech gepresst worden.

Endlich hatte ein DDR-Kombi auch eine nach oben zu öffnende Heckklappe. Die Innenausstattung wurde wie bei der Limousine zunächst vom Vorgänger übernommen, dem Sechshunderter Kombi, genauer gesagt von dessen Camping-Version mit Liegesitzen. Doch schon Ende 1965, die Produktion war gerade mal richtig in Gang gekommen (alter und neuer Kombi wurden einige Wochen lang parallel gebaut), musste aus Gründen der Vereinheitlichung und Einsparung auf die Sitze der Limousine zurückgegriffen werden.

Der Kofferraum des »universal« fasste mit 450 Litern 35 mehr als der der Limousine, bei umgelegter Fondsitzbank standen stattliche 1400 Liter Stauraum zur Verfügung. Allerdings durfte man den 650 kg schweren Kombi nur mit weiteren 390 kg belasten. Wollte man noch einen Anhänger hinterherziehen, war der samt Ladung auf 280 kg begrenzt. Das galt übrigens auch für die Limousine, genauso wie die zulässige Dachlast von 65 kg inklusive Dachgepäckträger. In ihren vielen Lebensjahren wurde den Trabis freilich nicht selten viel mehr aufgebürdet und angehängt. Zementsäcke und Hohlblocksteine hatten so ihr Gewicht; hätte man das Material aber auf zwei Fuhren aufgeteilt, hätte es inzwischen vielleicht das eine oder andere nicht mehr gegeben.

Der Trabant 601 universal kostete 9466,30 Mark und wurde zunächst nur noch in einer Karosserieversion angeboten. Für verchromte Stoßstangen mussten 120 Mark extra entrichtet werden, was für Kombi wie Limousine gleichermaßen galt.

Bodengruppe und Vorbau wurden für den Kombi in Zwickau zusammengeschweißt und tauchgrundiert. Dann erfolgte der Transport nach Meerane, wo das Stahlskelett der Heckpartie

Ebenfalls schon 1963 präsentierte sich der neue Kombi, eine Entwicklung des Karosseriewerkes Meerane. Auch hier trugen die ersten Fertigungsmuster noch den seitlichen Zierstreifen.

■ *Endlich gab es eine nach oben zu öffnende Heckklappe, auf die Interessenten nach ihrer Bestellung noch mindestens zwei lange Jahre warten mussten.*

■ *Bevor sie schließlich zur Endmontage gelangten, hatten vor allem die Kombi-Karosserien eine wahre Odyssee hinter sich.*

angeschweißt und die Kunststoffbeplankung montiert wurde. Nach ihrer Lackierung kamen die fertigen Karosserien wieder zurück nach Zwickau und wurden dort auf Fahrschemel und Hinterachse montiert.

Die Karosserietransporte, auch die innerhalb der Werksteile in Zwickau, dienten nachher dem für Lackierungsfragen zuständigen Ingenieur und späteren Doktor Werner Reichelt zur Begründung für die jahrzehntelang verwendeten einheitsgrauen Farbtöne der 601-Typen. Die blassen Grau-, Blau- und Grüntöne, die den Trabant-Anstrich dominierten, ließen sich laut Reichelt bei leichten Transportbeschädigungen problemloser ausbessern. Und der normalsterbliche DDR-Bürger dachte all die Jahre lang, die chemische Industrie des sozialistischen Staates wäre nicht in der Lage gewesen, die benötigten Lacke etwas kräftiger und farbenfroher herzustellen.

Wieder nur ein »Zwischentyp«

Mit dem Trabant 601 war es alles in allem noch einmal gelungen, zum internationalen Standard aufzuschließen. Aber wieder einmal kam man zu spät und wurde durch das Leben bestraft. Ein letztes Mal wurde der Trabant publizistisch seinen ausländischen Klassenkameraden, die immer weniger wurden, zum Vergleich gegenübergestellt (Zweitakter waren bis 600 cm^3 gar nicht mehr aufzutreiben). Im ***Motor-Jahr 1965*** kamen die Ingenieure Lang und Sachse sogar zu dem Schluss, dass NSU Prinz 4, BMW 700 LS und Trabant 601 den Weltstand bestimmten. Darüber darf gestritten werden; Fakt ist, dass der Prinz 4 Ende der sechziger Jahre in Deutschland fast nicht mehr zu verkaufen war und die Produktion des BMW 1965 auslief. Da war der P 601 gerade in sein erstes volles Produktionsjahr gestartet. Auch andere Vergleichsmodelle waren entweder schon vom Markt verschwunden oder standen vor ihrem Aus (Glas Isar 600 bis Ende 1965).
Natürlich mussten sich die Zwickauer Fachleute vor ihr Produkt stellen und es in den Medien gut verkaufen. Dabei wussten sie ganz genau, dass sie eigentlich wieder nur einen »Zwischentyp« ins Rennen geschickt hatten. Das verdeutlichten auch die Exporte jener Jahre in den NSW (Nicht Sozialistischer Wirtschaftsraum). Während man 1964 mit etwa 6500 in den Westen exportierten Wagen den Höchststand markierte, fiel die Kurve in den Folgejahren rapide ab. Ein Kleinwagen mit guten Absatzchancen musste Mitte der sechziger Jahre anders aussehen: 750-cm^3-Motor mit entsprechender Leistung,

Endmontage der Karosseriekörper 1964/65 vor ...

■ *... und nach der Lackierung. Neue Limousinen und alte Kombis in paralleler Fertigung.*

■ *Die Farbauswahl für Trabant 601 Limousine und 600 Kombi von 1964/65.*

komfortables Fahrwerk, gute Ausstattung und Platz für fünf Personen wurden angepeilt. Und nicht zu vergessen: Die Jahrzehnte alten Werbesprüche von der Einfachheit des Zweitaktmotors zogen nicht mehr. Reng-Deng-Deng und blaue Abgasfahne waren out. Das hatte nicht zuletzt DKW schmerzlich zu spüren, als in Ingolstadt im Erscheinungsjahr des Trabant 601 das Ende der Zweitakt-Ära nach über 40 Jahren eingeläutet wurde.

Die Entwicklungstendenzen blieben den Automobilbauern im Osten Deutschlands zu keiner Zeit verborgen. An den Reißbrettern der Konstruktionsbüros entstanden auch schon längst neue Linien und Formen. Aber die schon wiederholt angesprochene Diskrepanz zwischen Konstruktion und Produktion, zwischen Vorstellungen und sozialistischen Realitäten nahm in den Jahren nach 1965 im ostdeutschen Automobilbau, auch durch Veränderungen wirtschaftlicher Prioritäten, ständig noch zu.

Montage der fertigen Karosserie auf Fahrschemel und Hinterachse.

ie Hubraumklasse 500–700 cm^3 (Auswahl 1964/65)

p	Motor	Hubraum/ cm^3	PS	Antrieb	Radstand/ mm	Leergewicht/kg	kg/PS	Nutzlast/ kg	Höchstgeschwindigkeit/ km/h	Getriebegänge	Federung vorn/hinten
eyr-Puch 0D	2-Zyl.-4-Takt-Boxer, Luft	493	16	Heck	1840	460	28,8	300	100	4, 2. bis 4. synchr.	Querblatt/ Schrauben
at 500D	2-Zyl.-4-Takt, Luft	499,5	15	Heck	1840	510	34	310	95	4, nicht synchr.	Querblatt/ Schrauben
as Isar 0	2-Zyl.-4-Takt-Boxer	584	19	Hinterrad	2000	640	33,7	360	102	4, vollsynchr.	Schrauben/ Längsblatt
abant 601	2-Zyl.-2-Takt, Luft	594,5	23	Front	2020	615	26,7	335	100	4, vollsynchr.	Querblatt/Querblatt
U Prinz 4	2-Zyl.-4-Takt, Luft	598	30	Heck	2040	565	18,4	435	119	4, vollsynchr.	Schrauben/ Schrauben
troen ni 6	2-Zyl.-4-Takt-Boxer, Luft	602	24,5	Front	2400	665	27,1	315	113	4, vollsynchr.	Schrauben/ Schrauben
eyr-Puch 0C	2-Zyl.-4-Takt-Boxer, Luft	643	25	Heck	1940	560	22,4	340	100	4, vollsynchr.	Querblatt/ Schrauben
as Isar 0	2-Zyl.-4-Takt-Boxer, Luft	682	30	Hinterrad	2000	640	21,3	360	110	4, vollsynchr.	Schrauben/ Längsblatt
W 700	2-Zyl.-4-Takt-Boxer, Luft	697	32	Heck	2280	680	21,2	370	122	4, vollsynchr.	Schrauben/ Schrauben

Varianten und Ausstattungen

Einerseits ließen sich mit einer etwas verwirrenden Modellpolitik zahlreiche Trabant-Varianten kreieren, die eigentlich irgendwie alle gleich aussahen, andererseits gab es auch Modellvarianten, die wirklich anders waren – dem normalen DDR-Bürger aber meist vorenthalten blieben.

Für den ersten Hycomat-Prospekt von 1964 wurde wieder das Fertigungsmuster V 0041 als Fotomodell benutzt.

H für HYCOMAT

Noch bevor der neue Kombi zur Auslieferung kam, wurde der Trabant 601-H mit automatischer Kupplung vorgestellt. Das »H« stand für HYCOMAT, wie sich die im Sachsenring-Werk entwickelte Kupplungsautomatik nannte. Genau wie ihr westliches Pendant SAXOMAT arbeitete das ostdeutsche System nach dem elektro-hydraulischen Prinzip. Das Herzstück der Automatik, bei der Anfahr- und Trennkupplung eine Einheit bildeten, war eine am Getriebe angeflanschte Zahnradölpumpe, die direkt mit der Kurbelwelle des Motors verbunden war. Je nach Motordrehzahl förderte die Pumpe das Öl mit einem bestimmten Druck zum Kupplungszylinder, in dem sich ein Kolben befand. Bei entsprechend erreichter Drehzahl drückte das Öl gegen eine Feder (Ausdrückfeder), die die Kupplung betätigte. Der Wagen fuhr an. Die ideale Drehzahl für den Kupplungsvorgang lag zwischen 1300 und 1800 U/min. War voll eingekuppelt, wurde eine bestimmte Menge Öl durch ein Überdruckventil abgeleitet, um bei weiterem Drehzahlanstieg einen Druckausgleich zu bewirken. Beim Gangwechsel wurde schon durch Berührung des mit einem elektrischen Kontakt versehenen Schalthebels ein Hubmagnet betätigt, der das Öl aus dem Kupplungszylinder entweichen ließ und somit die Kupplung trennte. War der nächste Gang eingelegt und der Schalthebel wurde losgelassen, schloss das Magnetventil wieder und der Kupplungsvorgang begann von neuem. In der Praxis erwies sich das Fahren mit Hycomat als sehr gewöhnungsbedürftig, entsprechend umfangreich war auch die zusätzliche Bedienungsanleitung.

Ein Sperrpedal im Fußraum betätigte mittels Seilzug die Kupplung unabhängig von der Automatik und diente als Parksperre oder zum Anschleppen. Bei defekter Kupplungsautomatik konnte das Pedal zum herkömmlichen Kuppeln genutzt werden.

Im Juli 1964 war die Hycomat-Entwicklung abgeschlossen worden, Ende des Jahres liefen einige Nullserienfahrzeuge vom Band. Danach kam der Trabant P 601-H auch gleich in die Verkaufslisten für das Modelljahr 1965. Wer ihn orderte, musste 500 Mark auf den Listenpreis des Grundtyps drauflegen. Bis zum Ende der Trabant-Produktion war die automatische Kupplung fortan für alle Modelle lieferbar, wobei im Inland in erster Linie Behinderte in den Genuss einer pedallosen Kupplung kommen sollten.

Die Motoren für die Hycomat-Trabis erhielten die Bezeichnung P 61, die Getriebe standen als G 60-H im Ersatzteilkatalog.

L für Luxus

Entgegen früherer Äußerungen war ab 1. April 1966 doch wieder eine Luxusausführung, der »Trabant 601 L«, im Angebot. Vermutlich führten Exportzwänge und die sich in die Länge ziehende Produktionsperiode (deren wirkliche Länge zu dieser Zeit niemand auch nur ahnte) des 601 dazu, einige Extras in das Lieferprogramm aufzunehmen. So wurde wieder auf Altbewährtes aus der Zeit des Vorgängers zurückgegriffen: Pfeifenpolsterung, beleuchteter Motorraum und eine verbesserte Innenverkleidung mit Armlehnen gehörten ebenso zur L-Ausstattung wie verchromte Stoßstangen, ein farbig abgesetztes Dach und ein gestanzter Kühlergrill. Ins Ausland wurden die Wagen außerdem noch mit verchromten Lampenringen geschickt. Etwas verwirrend waren nun die wenn auch nur kurzzeitig verwendeten offiziellen Typenbezeichnungen. Trabant 601 LL stand für Limousine Luxus, UL für universal Luxus, LS und US kennzeichneten die Standardtypen.

■ *Die verchromten Stoßstangen, der gestanzte Kühlergrill und das farblich abgesetzte Dach kennzeichneten äußerlich den Trabant 601 L ab April 1966.*

Und wieder Sonderwunsch-Modelle

Bevor die meisten Auto-Interessierten das so richtig mitbekommen hatten, wurde das Fertigungsprogramm erneut geändert und sah ab 1. April 1967 wie folgt aus: Zwischen Standard- und Luxusversion wurde wieder eine Sonderwunschausführung – »Trabant 601 S« – geschoben. Der 601 L wurde nochmals aufgewertet und hieß ab sofort »601 de luxe«. Den 601 H (Hycomat) gab es als eigenständiges Modell nicht mehr; allen Fahrzeugen mit automatischer Kupplung wurde ein entsprechendes Abziehbild auf die Heckscheibe geklebt.
Zusätzlich zur Standard-Version hatten die Sonderwünschler den aus der L-Ausstattung übernommenen Kühlergrill in matter Ausführung, einen elektromagnetischen Abblendschalter, ein Zündanlasslenkschloss und so genannte Selfa-Sitze. Dieses Gestühl konnte durch Anheben eines rechts unter dem Sitz befindlichen Hebels nach vorn oder hinten verstellt werden, wobei sich gleichzeitig die Sitzfläche anhob oder senkte. Beide Vordersitze waren wieder komplett nach vorn zu kippen, um den Einstieg für Fondpassagiere zu erleichtern.

■ *Die Standard-Limousine in Marmorweiß ab 1966.*

■ *Drei Ausstattungsvarianten mit wechselnden Bezeichnungen standen seit 1967 bis zur Produktionseinstellung 23 Jahre später zur Wahl. Beginnend mit dem Standard-Modell.*

■ *Entsprechend unterschiedlich sah es in den Innenräumen aus. Hier die Ausstattungen, wie sie von 1967-1970 geliefert wurden. Das Zündanlasslenkschloss gab es nur in der de-luxe-Version.*

Die Modellvarianten für den Kombi orientierten sich an den Limousinen. Im Bild die Standard-Ausführung mit umgelegter Rückbank.

Die de-luxe-Variante wartete wie gehabt noch zusätzlich mit Motorraumleuchte, farbig abgesetztem Dach und verchromten Stoßstangen auf und hatte außerdem noch eine zweifarbige Innenverkleidung und den neuen, jetzt glanzeloxierten, Kühlergrill zu bieten.
Die Modellvarianten galten für Limousine und Kombi gleichermaßen. Für die S-Ausführung waren 200, für die de-luxe-Variante 450 bzw. 475 (Kombi) Mark zusätzlich zum Standardpreis zu berappen.

Der Kübelwagen

Der Wartburg 311 und zuvor in noch geringeren Stückzahlen der IFA F 9 waren bis Ende der fünfziger Jahre für die militärischen Organisationen der DDR, allen voran die Grenztruppen, als leichte Kübelwagen gebaut worden. Ein neuer »Kübel« sollte in größeren Stückzahlen aus Zwickau kommen, denn inzwischen waren auch andere Institutionen wie das Ministerium für Staatssicherheit, das Ministerium des Innern (Polizei), die Land- und Forstwirtschaft, die Energiewirtschaft und schließlich auch die Gesellschaft für Sport und Technik, eine paramilitärische Jugendorganisation, an einem solchen Fahrzeug interessiert.
Die Entwicklung wurde in enger Zusammenarbeit von »Volksarmee« und Karosseriewerk in Meerane betrieben. Ab Herbst 1966 begann die Produktion des (von später eingeführten einfachen Rohr-Stoßstangen abgesehen) bis zur A-Säule unverändert gebliebenen Trabant-Kübel. Dahinter war der Rest türlos in schlichtes Blech gekleidet. Die geraden Blechteile waren einfach zu fertigen, und die letztlich geringen Stückzahlen rechtfertigten den Bau kostspieliger Duroplastwerkzeuge nicht. Blechern war also auch die Rückwand, die zwischen runden IFA-Einheits-Rückleuchten das Reserverad trug.
Fahr- und Triebwerk des P 601 F (später Trabant A u. F) genannten Fahrzeugs blieben gegenüber dem Jedermann-Trabi unverändert. Zum Schutz des voluminösen Vorschalldämpfers war ein zusätzliches Blech am Bug montiert. Nach 165 Kübelwagen Ende 1966 wurde mit 720 Stück ein Jahr später auch schon die höchste Jahresproduktion erreicht.

Nur zu Beginn seiner Produktion war der Kübelwagen mit der normalen Serienstoßstange bestückt; bald musste sie einem einfachen Rohr weichen.

Der Kübelwagen, wie er im Fuhrpark der nationalen Volksarmee und bei der Volkspolizei vertreten war. Hier in der F-Version (F für Forst).

Der Trabant Tramp

Ab Modelljahr 1978 wurde auf den Exportmärkten auch eine zivile Variante des Kübels, der »Trabant Tramp«, angeboten. Das Frischluft-Funmobil, in nur wenigen Exemplaren gebaut, entsprach bis auf Lackierung und Innenausstattung dem tarnfarbenen Zweitakter. Während sich die Militärversion mit der einfachen Standardausstattung begnügen musste, war der Tramp in der jeweils aktuellen Luxusversion zu haben.
Beide Fahrzeuge (im Karosseriewerk Meerane gefertigt) waren übrigens für die DDR-Presse absolut tabu. Der eine, weil er militärisch genutzt wurde, der andere, weil er für DDR-Bürger nicht zu haben war. Während das Volk dem grünen Kübel des Öfteren im Alltag begegnete und also von dessen Dasein wusste, war der andere Offene praktisch nicht existent.

Im zivilen Look als »Trabant Tramp« blieb der offene Zwickauer nur wenigen Exportkunden vorbehalten.

Der unbekannte Lieferwagen

Und schon gar nichts wusste man – das gilt vielfach auch heute noch – von dem ab 1967 (auf Drängen westlicher Importeure) wieder in das Exportprogramm aufgenommenen Lieferwagen. Wie sein Vorgänger war nun der universal mit durchgehender Ladefläche hinter den Vordersitzen und mittels Blechtafeln verschlossenen hinteren Seitenscheiben ausgestattet. Der Wagen wurde in wenig über hundert Exemplaren gebaut, und seine Produktion mit dem Ende des Trabant in westlichen Gefilden, 1973 wieder eingestellt.

Dieser Trabant-601-Lieferwagen aus dem August Horch Museum in Zwickau ist zwar als Fahrzeug der Deutschen Post gekennzeichnet, tatsächlich wurde ein solches Modell auf den Straßen der DDR aber nur höchst selten gesehen.

Noch mehr de luxe

Fünf Jahre später, ab März 1978, gab es nach nunmehr elf Jahren wieder einmal eine neue Ausstattungsvariante, den »Trabant P 601 S de luxe«. Zunächst nur als Limousine gebaut, war

Eine 601-S-Limousine von 1979. Gegenüber dem reinen Standard-Modell gab es frische Farben und ein sogenanntes »Finish-Paket« für die Innenausstattung.

■ *14 Jahre nach Beginn der 601-Fertigung gab es mit dem Modell S de luxe endlich wieder eine »neue« Trabant-Variante.*

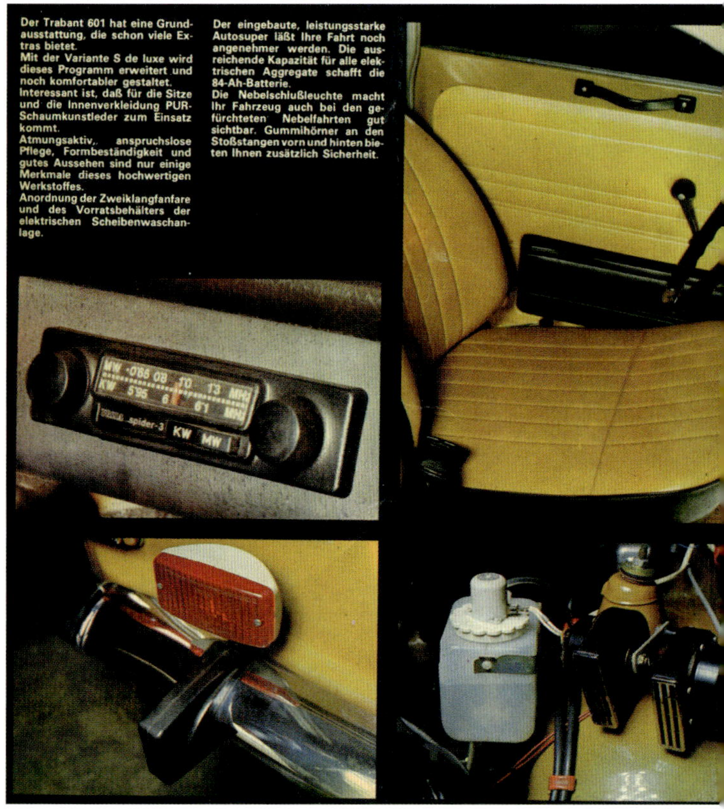

■ *Die Pakete »Finish« und »Elektro« werteten das Modell S de luxe weiter auf. Das Auto kostete mehr als das gesamte Jahreseinkommen eines Durchschnittsverdieners in der DDR.*

das Modell ab September auch als Kombi erhältlich. Sofern man sich acht bis zehn Jahre zuvor für einen Trabant angemeldet hatte! Diese Wartezeiten waren wohl auch der Grund für eine gewisse Typenverschleierung. Der de luxe wurde offiziell zwar nicht aus dem Programm genommen, seit 1979 ward er aber nicht mehr gesehen. Vermutlich sollten jene, die diesen Wagen-Typ vor Jahren auf ihr Bestellformular geschrieben hatten, nicht verunsichert werden.

Was hatte nun der Trabant P 601 S de luxe, was die anderen nicht hatten? Da war zunächst das so genannte »Finish-Paket«. Es beinhaltete Schaumkunstlederbezüge für die Sitze sowie Hutablage (beim Kombi aus Nadelvlies) und Seitenverkleidungen aus gleichem Material und in gleicher Farbe. Außerdem zählte ein zusätzlicher Teppich zu diesem Paket, das ein Jahr später auf »Sonderwunsch« auch für den Trabant 601 S geordert werden konnte.

Vorerst dem S de luxe vorbehalten blieben noch ein Geschwindigkeitsmesser mit Tageskilometerzähler und die neuen Gummistoßhörner an den Stoßstangen.

Und dann war da noch das »Elektro-Paket« mit folgenden Details: Elektrische Wisch-Wasch-Anlage mit 1,5 Liter fassendem Vorratsbehälter, eine Nebelschlussleuchte (21 Watt) und das Autoradio Spider 3 (Mittel- und Kurzwelle) der tschechischen Firma Tesla. Ein Transverter versorgte das Rundfunkgerät mit der notwendigen 12-Volt-Spannung, denn an Bord des Trabi stand nach wie vor nur die Hälfte zur Verfügung. Zum Autosuper gehörten außerdem ein 4-Ohm-Lautsprecher, eine Ruten-Antenne aus Edelstahl und ein Entstörsatz für Leitungen und Zündanlage. Eine Zweiklangfanfare befand sich nun im Geräuschwettstreit mit Motor und Axiallüfter.

Für den erhöhten Energiebedarf des S de luxe musste eine auf 84 Amperestunden erweiterte Batterie eingebaut werden.

■ *Die drei Modell-Varianten, wie sie von März 1978 (hier Modelljahr 1984) bis Produktionsende offeriert wurden.*

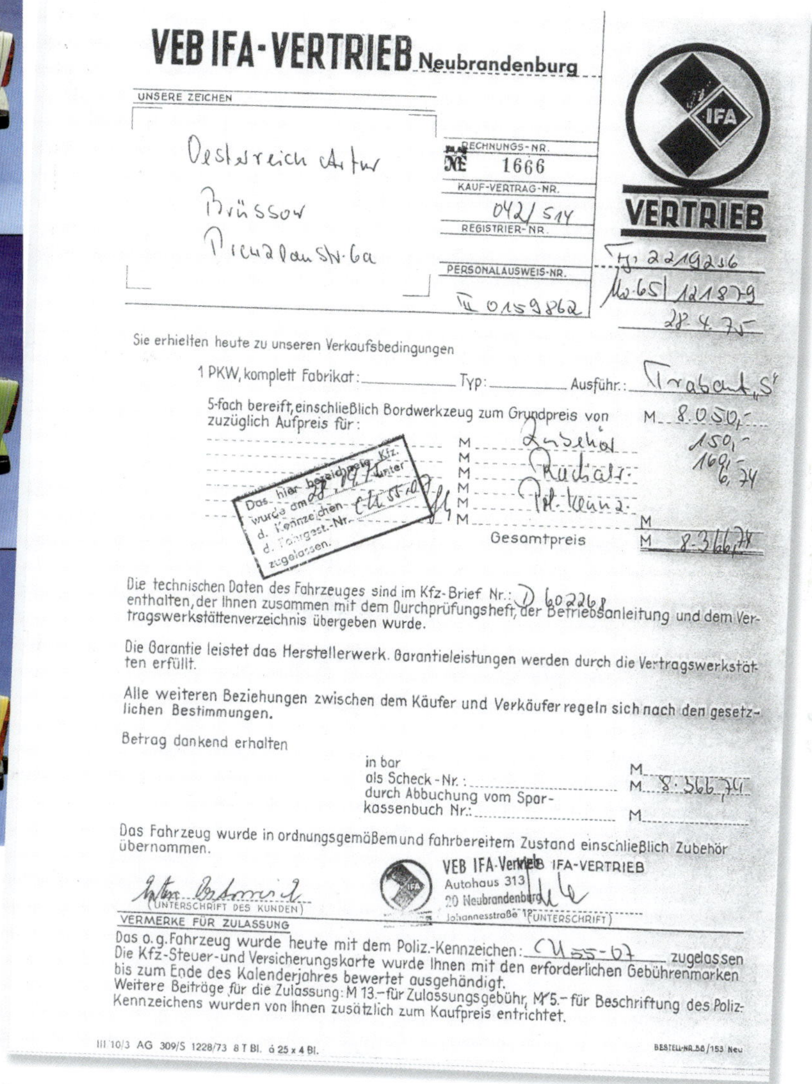
VEB IFA-VERTRIEB Neubrandenburg

VERTRIEB

UNSERE ZEICHEN

RECHNUNGS-NR. 1666

KAUF-VERTRAG-NR. 042/514

REGISTRIER-NR.

PERSONALAUSWEIS-NR.

Sie erhielten heute zu unseren Verkaufsbedingungen

1 PKW, komplett Fabrikat: Typ: Ausführ.: Trabant S

5-fach bereift, einschließlich Bordwerkzeug zum Grundpreis von M 8.050,–
zuzüglich Aufpreis für:

Gesamtpreis M 8.366,74

Das hier bezeichnete Kfz. wurde am ... unter d. Kennzeichen ... d. Fahrgest.-Nr. ... zugelassen.

Die technischen Daten des Fahrzeuges sind im Kfz-Brief Nr.: ... enthalten, der Ihnen zusammen mit dem Durchprüfungsheft, der Betriebsanleitung und dem Vertragswerkstättenverzeichnis übergeben wurde.

Die Garantie leistet das Herstellerwerk. Garantieleistungen werden durch die Vertragswerkstätten erfüllt.

Alle weiteren Beziehungen zwischen dem Käufer und Verkäufer regeln sich nach den gesetzlichen Bestimmungen.

Betrag dankend erhalten

in bar M
als Scheck-Nr.: M 8.366,74
durch Abbuchung vom Sparkassenbuch Nr.: M

Das Fahrzeug wurde in ordnungsgemäßem und fahrbereitem Zustand einschließlich Zubehör übernommen.

(UNTERSCHRIFT DES KUNDEN)

VEB IFA-Vertrieb IFA-VERTRIEB Autohaus 313 20 Neubrandenburg Johannesstraße

(UNTERSCHRIFT)

VERMERKE FÜR ZULASSUNG

Das o.g. Fahrzeug wurde heute mit dem Poliz.-Kennzeichen: ... zugelassen. Die Kfz-Steuer- und Versicherungskarte wurde Ihnen mit den erforderlichen Gebührenmarken bis zum Ende des Kalenderjahres bewertet ausgehändigt.
Weitere Beiträge für die Zulassung: M 13.– für Zulassungsgebühr, M 5.– für Beschriftung des Poliz-Kennzeichens wurden von Ihnen zusätzlich zum Kaufpreis entrichtet.

III 10/3 AG 309/S 1228/73 8 T Bl. à 25 x 4 Bl.

■ *Zum Sparen blieb allerdings viel Zeit. Am Ende mussten 13 und mehr Jahre vergehen, bis der begehrteste aller Verträge unterschriftsreif war.*

Die Luxus-Limousine kostete 9450, der Kombi knapp über 11000 Mark der DDR. Zehn Jahre später, kurz vor seinem Ende, überschritt der Trabant 601 mit einer fantasievollen Aufpreisliste sogar noch die Grenze von 13 000 Mark. Aber da wartete man inzwischen schon 15 Jahre auf einen Neuwagen, und wer es nicht so gemächlich mochte, der legte, wenn er konnte, auf dem Schwarzmarkt schon mal 200 blaue Scheine (die Hunderter waren auch in der DDR blau) für einen neuen Trabi auf den Tisch.

Der Trabant für Versehrte

Eine Variante des Trabant 601 bleibt noch vorzustellen. Der Trabant mit Hycomat-Kupplung wurde schon frühzeitig in Spezialwerkstätten auf Handbedienung von Gas und Bremse für Behinderte umgebaut. Das blieb auch so, als ab Ende 1981 der »Trabant P 601 universal-V« aus der Montagehalle rollte. Das »V« stand für versehrt, selbst Querschnittsgelähmte sollten damit fahren können. Der Wagen wies folgende Besonderheiten auf: Die Fondsitzbank konnte nach hinten geklappt und die Fußmulde im Fond abgedeckt werden. So passte ein Rollstuhl zusammengeklappt hinter die vorderen Sitze, wobei der des Beifahrers zwecks Beladung komplett nach vorn gekippt und in dieser Stellung arretiert werden konnte. Beide Sessel waren auf Schienen montiert und leicht verschiebbar; der Fahrersitz, der fünffach höhenverstellbar war, glitt besonders weit nach hinten. Der Beifahrersitz war zur Tür hin verbreitert, um ein problemloses Hinübergleiten in den Rollstuhl zu ermöglichen.

Und dann gab es da noch ein paar Details, die sich auch der gesunde Trabant-Fahrer seit Jahren wünschte, wie zum Beispiel einen rechten Außenspiegel, eine Wisch-Wasch-Anlage für die Heckscheibe oder Sicherheitsgurte mit Aufrollautomatik.

Über die Sozialversicherung, quasi auf Rezept, war es möglich, den Trabant 601 universal-V, von Fall zu Fall auch ohne lange Wartezeit, zu beziehen. Aber auch das galt nur für einige Auserwählte unter den Behinderten. Der Bedarf konnte bei weitem nicht gedeckt werden. Im Übrigen schielte man bei der Messepräsentation dieses Wagens sowieso auf ausländische Interessenten.

1 Die Ausstattung des Fahrzeuges mit einer eingebauten Vollhandbedienung garantiert eine kombinierte Handbedienung des Fahrers für Bremse und Gas. Gleichzeitig entfällt eine manuelle Betätigung der Kupplung aufgrund der eingebauten Kupplungsautomatik „Hycomat".

Die Kraftstoffhahnfernbetätigung garantiert in ihrer Auslegung, daß eine Verstellung problemlos durch den Versehrten erfolgen kann.

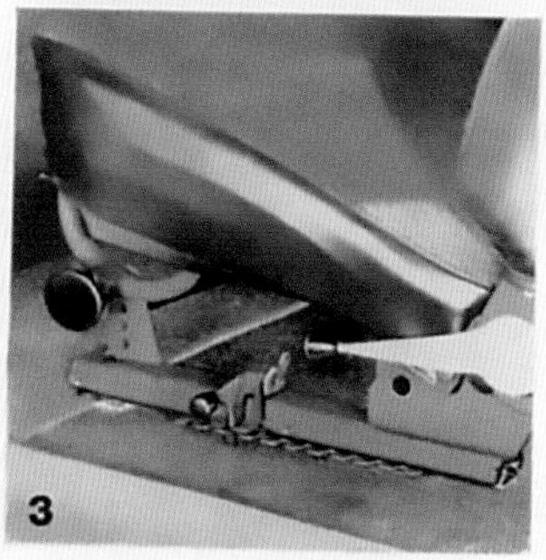

2 Die hintere Sitzbank des Trabant ist so angelegt, daß sie nach hinten geklappt und mit Hilfe eines Haltebandes gesichert werden kann. Somit ist genügend Platz für das Unterbringen eines Rollstuhles gegeben.

3 Durch die Einstellung des Fahrersitzes in drei verschiedene Höhen wird eine individuelle Verstellung des Sitzes je nach Körpergröße des Versehrten gewährleistet. Gleichfalls ermöglicht die Sitzschiene des Fahrersitzes eine extrem große Verschiebung nach hinten.

4 Heruntergeklappt bietet die hintere Sitzbank ausreichend Platz für 2 Personen.

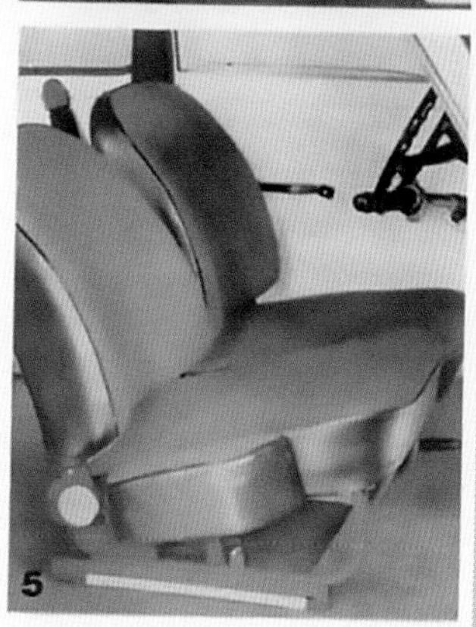

5 Das günstige Hinüberwechseln vom Rollstuhl in das Fahrzeug wird durch die Anbringung eines Zusatzkissens am Beifahrersitz gewährleistet.

Das war sie dann auch schon, die Modellvielfalt in 26 Jahren Trabant-601-Produktion. Das heißt, zwei weitere Möglichkeiten gab es für den normalsterblichen DDR-Bürger ja doch noch! Und das ging so: Wenn etwa drei Monate vor Auslieferung des neuen Wagens ein Vorvertrag mit dem guter Hoffnung gewesenen Trabi-Kandidaten gemacht wurde, durfte dieser glückliche Sozialist noch einmal seine speziellen Wünsche äußern.
Schließlich hatte sich in den langen Jahren des Wartens nicht nur das Farbprogramm ein wenig geändert. Und nun geschah es gar nicht so selten, dass der dann zur Auslieferung präsentierte Wagen eben nicht den Wünschen des Käufers entsprach, weder denen auf dem vergilbten Bestellformular noch den jüngst geäußerten. Und nun gab es jene zwei Varianten: Entweder man nahm den Trabi trotzdem oder reihte sich noch einmal für bis zu sechs Monate in die Warteschlange ein. Was waren denn schon sechs Monate im Vergleich zu 15 Jahren? Und dennoch haben die allermeisten sofort zugegriffen, so oder so! Aber das versteht wahrscheinlich nur, wer es selbst in einem seiner bedeutendsten Lebensabschnitte, nämlich der Trabi-Wartezeit, erlebt hat.

GHC V 596

Modellpflege 1964–1988

Der Trabant P 601 blieb ein Vierteljahrhundert das, was er schon bei seinem Erscheinen 1964 verkörperte: Ein Kleinwagen im Stil der späten fünfziger Jahre, anspruchslos in jeder Beziehung und begehrt – jedenfalls vom Volk der DDR.

Dabei entfernte sich der Trabi schon in den Sechzigern immer mehr von internationalen Trends und war zum Ende seiner Produktionszeit, inmitten des Weltautomobilbaus, ein Fremdkörper aus einer fernen Zeit.

Daran änderten auch die vielen kleinen Detailverbesserungen im Laufe der Jahrzehnte nichts; ein Laie konnte einen Trabant von 1964 weder am äußeren Erscheinungsbild noch am Fahrgeräusch von seinen 89er Nachkommen unterscheiden. Und doch gab es einige, in späteren Jahren auch wesentliche Modellpflegemaßnahmen, die es wert sind, an dieser Stelle aufgezählt zu werden.

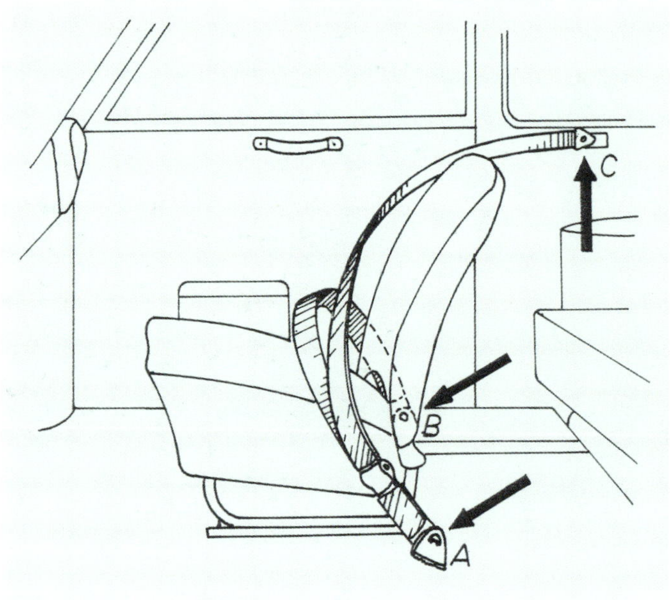

Ab April 1965 war es theoretisch möglich, Sicherheitsgurte im Trabant anzubringen.

1964

Im Dezember wurde ein neues Fahrgestellnummern-System eingeführt. Die Orientierung am Herstellungsjahr mit den ersten beiden Ziffern entfiel. Diese kennzeichneten nun Fahrzeugtyp und Modellvariante. Für die erste Stelle galt: 0 = P 600, 1 = P 601, 2 und 3 blieben zukünftigen Weiterentwicklungen (P 602/603) vorbehalten. Die zweite Ziffer stand für: 0-4 = Limousine, 5 und 6 = Kombi, 7 = Camping und 8 = Lieferwagen. Zum Jahreswechsel 1964/65 befanden sich also folgende Wagen im Produktionsprozess: 10 = Limousine P 601, 05 = Kombi P 600, 07 = Camping P 600, 08 = Lieferwagen P 600. Die Ziffernfolge blieb siebenstellig. Die gleiche Regelung galt für Ersatzkarosserien, denen aber nach alter Tradition ein »E« vor die Nummernfolge eingeschlagen wurde.

Der Kübel setzte 1966 mit der Nummer 1 900 001 ein.

1965

- Ab 14. April 1965 war die Karosserie serienmäßig mit drei verstärkten Befestigungspunkten zum Anbringen von Sicherheitsgurten versehen. Ältere Fahrzeuge konnten nachgerüstet werden. Um die Gurte musste sich der Kunde noch viele Jahre lang selbst bemühen.
- Ab Fahrgestellnr. 10 35 422 (Kombi 05 08 147) gab es serienmäßig Schmutzfänger für die Hinterräder, die mit der Unterkante der Radkästen verschraubt waren.
- Ab Anfang Juli wurde ein neues, rechteckiges Kombiinstrument eingesetzt. Dazu musste die Armaturentafel einen anderen Ausschnitt bekommen. Alte Lagerbestände wurden noch aufgebraucht.
- Ab August gab es einen neuen Ansauggeräuschdämpfer, erstmals mit Papierluftfilter.

1966

- Ab 22. Februar 1966 wurden mit Fahrgestellnr. 10 76 781 (Limousine) und 15 18 302 (Kombi) vorn und hinten ungeteilte Stossstangen an die Karosserie geschraubt.

Ab Februar 1966 wurden einteilige Stoßstangen für Limousine und Kombi verwendet.

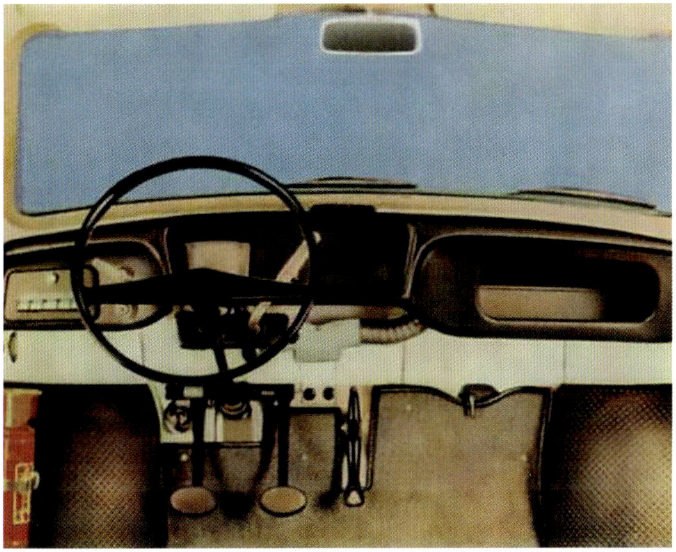

■ *Armaturentafeln und Lenkräder in schwarz kamen zum Modelljahrwechsel 1966. Fast ein Jahr zuvor wurde der gewöhnungsbedürftige Tachometer eingeführt.*

- Seit Anfang April (Modelljahr) wurden Armaturentafel und Lenkrad in schwarzer Farbe, aber unveränderter Form montiert. Auch hier mussten die Lagerbestände im Ersatzteilbereich aufgebraucht werden.
- Ab 15. Oktober wurde die Entriegelung der Beifahrertür erleichtert: der Verriegelungsknopf musste nach dem Herunterdrücken zum Abschließen der Tür nach links gedreht werden. Durch Zurückdrehen wurde der Knopf mittels Feder nach oben gedrückt.
- 1966 wurde durch den VEB Ölheizgerätewerk Neubrandenburg erstmals eine Benzinzusatzheizung für den Trabant angeboten. Die Heizung OETF 1 für den Einbau im Motorraum wurde ausdrücklich vom Sachsenring-Werk legalisiert. Der Kübel bekam die Benzinheizung später serienmäßig.

1967

- Mit dem neuen Modelljahr, ab 1. April 1967, wurden wartungsfreie Spurstangen (ohne Schmiernippel), neue Kofferraumscharniere (Stütze entfiel) und Drehschalter für Scheibenwischer und Licht eingesetzt. Das Zündanlassschloss des »Standard« verfügte über eine Parklicht-Stellung.
- Nach einer Nullserie im April und einer Vorserie im Juli wurde ab 1. September 1967 eine neue Bremsanlage mit Duplexbremse vorn und Simplexbremse hinten eingebaut.

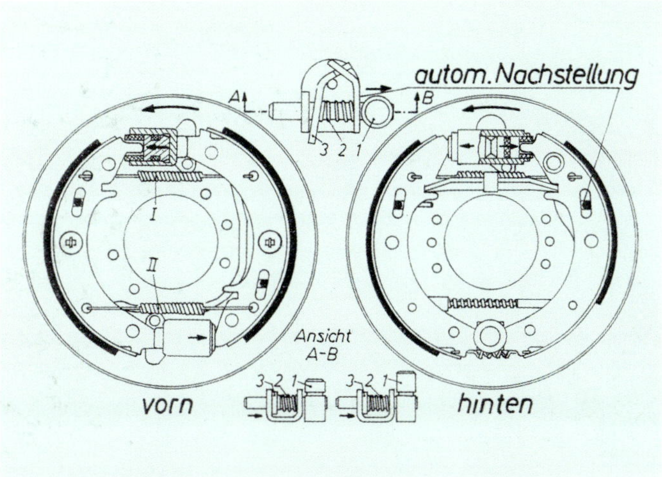

■ *Ab dem 1. September 1967 erhielt der Trabant eine neue Bremsanlage mit automatischer Nachstellung.*

Die hintere Bremse blieb dabei fast unverändert, hatte aber zusammen mit der vorderen Anlage eine neue Nachstellautomatik bekommen. Vorne ermöglichte ein zweiter Bremszylinder eine bessere Bremswirkung mit weniger Kraftaufwand.

- Ebenfalls ab 1. September trugen die Räder einen neuen Zierdeckel mit geänderter Form.

1968

- Mit dem Modelljahrwechsel gab es ab April wieder einige Neuigkeiten: Veränderte Vorschall- und Heizungsgeräuschdämpfer, Hartgewebeschichten zwischen den hinteren Federblättern und – die Konstrukteure hatten ein Einsehen – der hässliche Rechtecktacho wurde wieder gegen ein Rundinstrument eingetauscht. Damit »rückveränderte« sich auch wieder die Instrumententafel; eine neu gestaltete Abdeckung für den Radioausschnitt ließ das Cockpit insgesamt etwas besser aussehen.
- Einen neuen Lampenhalter für die Kennzeichenbeleuchtung gab es ab November 1968. Die Kennzeichen wurden jetzt leicht schräg gestellt und mit 3 x 5 Watt (vorher 5 x 3 Watt) angestrahlt. Die Schrägstellung hatte eine neue Heckschürze zur Folge.
- Als erste Maßnahme zur Einführung eines veränderten Motors gab es ab Nr. 60-456 094 einen schmaleren Keilriemen, der neue Keilriemenscheiben auf Kurbelwelle und Lichtmaschine und einen neuen Axiallüfter mit geänderter

Drehschalter für Scheibenwischer und Licht (1967) und die Rückkehr zum Rundtacho ab April 1968.

Übersetzung (drehte schneller und noch lauter) nach sich zog.

- Ab 5. Dezember 1968 wurde dann der neue Motor mit Fahrgestellnr. 12 48 367 (Limousine), 15 59 433 (universal), 18 00 912 (Lieferwagen) und 19 01 305 (Kübel) und der Bezeichnung P 63 (P 64 für Hycomat) eingebaut.

Der Motor hatte nun Zylinder, in denen durch geringfügige Änderungen der Ein- und Ausströmfenster die Steuerzeiten vom bisherigen Motor abwichen. Dazu kamen strömungsgünstigere Kanäle, die eine bessere Füllung im höheren Drehzahlbereich, eine intensivere Durchwirbelung des Gemisches im Zylinder und einen günstigeren Verbrennungsablauf bewirkten. Etwa 1,5 PS zusätzlich brachten diese Maßnahmen, so dass der Motor, wieder bei 3900 Umdrehungen, ungefähr 24,5 PS leistete. Neue Kolben, ein neuer Vergaser (Hauptdüse Größe 115) mit gefedertem Schwimmernadelventil und Zündkerzen mit einem Wärmewert von 260 erweiterten das Änderungspaket für den Motor, der für alle bisherigen 600/601-Typen einsetzbar war.

1969

- Ab 10. Februar wurden mit den Fahrgestellnummern 12 59 524, 15 62 082, 18 00 938 und 19 01 384 die Maßnahmen zur Leistungssteigerung des Zweitakters mit der Einführung einer neuen, dreiteiligen Abgasanlage abgeschlossen.

Das musste gefeiert werden! Ab Februar 1969 hatte der Trabant 601 3 PS mehr unter der Duroplasthaube.

Ab Ende Mai 1969 blieb der Kühlergrill leer, ein gestanztes, rundes Sachsenring-Symbol war jetzt auf der Motorhaube befestigt.

- Zwischen Vor- und Nachschalldämpfer wurde ein langes Zwischenrohr montiert, das zusammen mit einem neuen inneren Aufbau des Auspuffs für veränderte Staudrücke und weitere 1,5 PS Leistung sorgte. Das Drehmoment war insgesamt um fünf Prozent gestiegen, bergan und links vorbei war man nun etwas schneller.
- Blieb der Spritverbrauch auch nahezu unverändert, schrieb der Hersteller aber nun vor, ausschließlich »VK 88«, den besten, aber auch teuersten damals in der DDR erhältlichen Kraftstoff zu tanken.
- Ab April hatte der Tachometer einen schwarz eloxierten Frontring (vorher verchromt).
- Ab Ende Mai 1969 verschwand das Sachsenring-Emblem mit Verzierung, das bis dato auf dem Kühlergrill montiert war. Ein einfaches rundes »Warenzeichen« befand sich nun auf der Motorhaube.
- Dazu wurden ab August auch die Standard-Varianten mit dem matt eloxierten Kühlergrill der Sonderwunsch-Modelle ausgestattet.
- Ab August 1969 wurde die Entlüftung des Fahrgastraumes verbessert. Dazu wurden Entlüftungskästen in die C-Säulen eingebaut und Schlitze nach außen gelassen, die wiederum mit einer Zierblende abgedeckt wurden.
- Und noch einmal August: Für alle Export- und de-luxe-Varianten wurde eine neue, zweifarbige Lichtaustrittsscheibe, gemäß internationaler Vorschriften, für die Rückleuchten eingesetzt. Dabei wurde das Blinklicht (gelb-orange) nach oben und das Stopplicht (rot) nach unten verlegt. Dazwischen, wie bisher, die Schlussleuchte, die jetzt auch ohne übergestülptem rotem Glasröhrchen dank der äußeren roten Abdeckung (bisher durchgehend gelb) rot leuchtete.
- Ab November 1969 war der Druckknopf der Türaußengriffe versenkt.
- Zum Jahreswechsel wurden mit Fahrgestellnr. 13 19 075 (15 76 219) eine Reihe von Geräuschminderungsmaßnahmen wirksam: Die Nabe des nun wieder in seiner Drehzahl verminderten Axiallüfters erhielt eine Plastverkleidung, was eine Veränderung der rechten inneren Radschale nach sich zog. Das Luftleitblech wurde mit einer dicken Schicht Antidröhnmasse eingestrichen und das Kühlluftgehäuse bekam eine Schallschluckmatte aufgeknöpft.

1970

- Ab Januar kam der Außenspiegel in den Genuss einer Glanzeloxierung.

1971

- Vom Modelljahrwechsel an wurden in drei Etappen die Sitze im Trabant überarbeitet: Die nun höheren und körperfreundlicheren Rückenlehnen der Vordersitze waren endlich verstellbar. Mittels eines jeweils auf der linken Seite angebrachten Hebels konnte die Lehne nach vorn (für einen besseren Einstieg der Fondpassagiere) oder bis zur »Ruhelage« zurückgeklappt werden (keine Liegesitze).

Alle Sitze erhielten durch Druckknöpfe befestigte, abnehmbare Bezüge. Während diese für die Standard-Modelle aus glattem Kunstleder gefertigt wurden, waren die Lehnen der teureren Wagen mit einem gemusterten Sattel aus Schaum-

■ *Neue Sitze mit verbesserten Rückenlehnen und einem Verstellhebel gab es ab 1971.*

Kunstleder bezogen. Dazu passte auch der nur für S und de luxe verchromte Verstellhebel.

- Ebenfalls ab April änderte sich die Form des Blendrahmens für das Armaturenbrett.
- Ab 3. Mai 1971 wurden die Gehäuse der vorderen Blinkleuchten, bedingt durch die Aufrüstung der Blinkanlage von 15 auf 21 Watt, vergrößert.

1972

- Ab Februar neuer, rechteckiger Außenspiegel mit um 30% vergrößerter Fläche.
- Für 160 Mark Aufpreis waren - zunächst nur für die teureren Ausstattungen – erstmals Radialreifen der Größe 145 SR 13 zu ordern. Die Diagonalreifen 5,20-13 blieben noch viele Jahre im Programm.
- Ab 1. Juli 1972 musste wegen der Auslastung des alten erneut ein anderes Fahrgestellnummern-System eingeführt werden. Der einmillionste Trabant war in Sichtweite gerückt. Die Nummern starteten an diesem Tag mit 20 00 001 für die Limousine, 27 00 001 für den Kombi und 29 00 001 für den Lieferwagen.
- Ab August wurde, bei Aufbrauchen vorhandener Lagerbestände, mit dem Einsatz neuer Zündkerzen M 14 begonnen. Entsprechend waren die Zylinderköpfe mit einer kleineren Gewindebohrung versehen.
- Rückwirkend wurde für alle Trabant 601 mit Duplexbremse die zulässige Anhängelast auf 300 kg erhöht.
- Ab 20. November 1972 nochmals geringfügige Veränderung der Türaußengriffe mit nun bündig abschließenden Drückern (Fahrgestellnummern 20 28 077 und 27 07 047).

1973

- Ab April wurde der Trabant – wieder einmal, jetzt aber wirklich effektiv – mit einer neuen Heizung ausgestattet. Erheblich erweiterte Durchmesser von Schläuchen und Kanälen und damit ein höherer Luftdurchsatz, eine stufenlose Mischung von Heiz- und Frischluft sowie ein wirkungsvollerer Geräuschdämpfer ließen die Trabant-Heizung endlich, wenigstens halbwegs die wohlige Wärme entwickeln, die Kritiker stets gefordert hatten.
- Drei Knöpfe unter der Instrumententafel regelten Heiz- und Frischluft für Fußraum und Frontscheibe. Das Umstecken des Heizungsrohres von Sommer- auf Winterbetrieb war entfallen.
- Zum neuen Modelljahr hatten außerdem alle Sonderwunsch- und de-luxe-Modelle eine Scheibenwischer-Intervall-Automatik. Der dafür benötigte Schalter erforderte eine Verlegung des Sicherungskastens.
- Und schließlich wurde ab 1. April 1973 auch der Tank um 20 mm höher und fasste nun 26 Liter. Der Verschluss war auf die linke Seite verlegt worden.
- Ab 19. Juli 1973 wurden mit Fahrgestellnr. 20 79 054 (27 20 046), dem Fahrwerk neue Stossdämpfer mit einem inneren Anschlag angepasst. Die Fangbänder vorn und hinten konnten entfallen. Der Kübel fuhr mit der bisherigen Ausführung weiter.
- Ab 15. September 1973 wurde die Neigung des hinteren Kennzeichens zur besseren Ausleuchtung um weitere 15°

■ *Ab Februar 1972 wurde der rechteckige Außenspiegel montiert, das Sachsenring-Emblem aus Kunststoff kam im Herbst 1973. Die Unfarbe »Biberbraun« wurde 1977/78 auf fast alles lackiert, was in der DDR Räder hatte.*

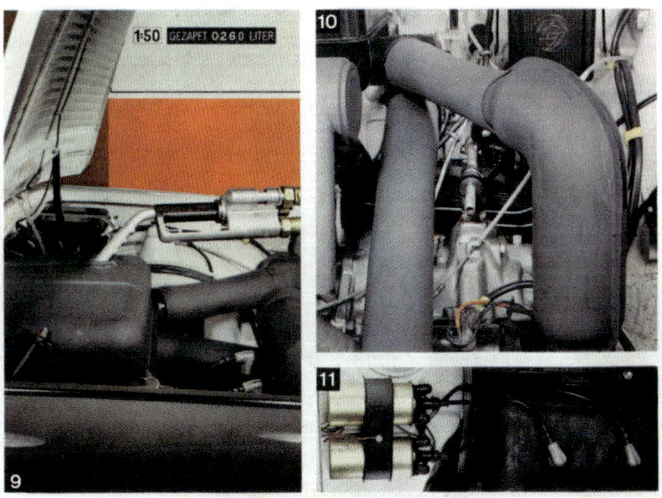

■ *Die Heizung wurde 1973 (wieder einmal) überarbeitet. Großdimensionierte Schläuche und Kanäle sorgten für eine bessere Warmluftversorgung. Der Tank wurde auf 26 Liter erweitert.*

verändert, das Presswerkzeug für die Heckschürze entsprechend angepasst.

- Im Juli/August, bei Aufbrauchen der Lagerbestände, verwandelte sich das Sachsenring-Emblem auf der Motorhaube von Aluminium in schwarzen Kunststoff. Zum Jahresende folgten die Schriftzüge am Heck nach.

Am 22. November 1973 um neun Uhr rollte der einmillionste Trabant, eine korallfarbige Limousine, in Zwickau vom Band. Und weil nun gerade mal viel Polit-Prominenz im Hause war, wurde an diesem Tag auch die neue Bodenschweißstraße, seit vielen Jahren wieder die erste größere Investition in Zwickau, in Betrieb genommen.

■ *Am 22. November 1973 rollte der einmillionste Trabant in Zwickau vom Montageband. (Foto: Luc106 © CC-BY-SA-4.0)*

■ *Eine Schweißstraße mit zwölf gekoppelten Robotern blieb eine High-Tech-Insel im ansonsten heruntergewirtschafteten Automobilwerk.*

1974

- Wieder zum Modelljahrwechsel, ab 1. April, gab es einige »nennenswerte Weiterentwicklungen«, die laut Informationsdienst vom 28. Februar 1974 der Erhöhung der inneren Sicherheit dienten und den Fahrkomfort verbesserten. So gab es nach langer Zeit wieder einmal eine neue Armaturentafel, die jetzt abgepolstert war und insgesamt durch eine glatte Linienführung etwas moderner erschien. Ein Haltegriff für den Beifahrer war an die Stelle des Handschuhfachs getreten. Dafür sorgte eine durchgehende Ablage aus Nadelfilz unter dem Instrumentenbrett für genügend Stauraum.

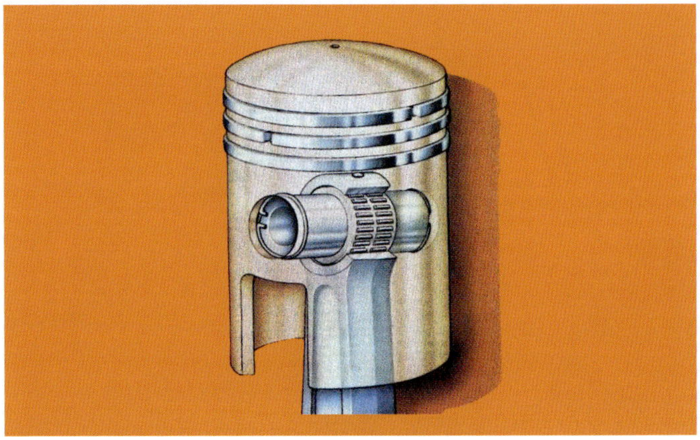

Nadelgelagerte Kolbenbolzen ließen ein Kraftstoff-Öl-Gemisch von 1:50 zu.

Unter der neuen Armaturentafel zeigte sich im Trabi-Cockpit ab Modelljahr 1974 eine durchgehende Nadelfilzablage.

Die Standard-Modelle mussten mit dem alten Cockpit ohne Ablage bis ans Ende ihrer Tage weiterfahren. Für die anderen galt die Änderung ab Fahrgestellnummern 2134632 und 2734686.

- Zuerst ausschließlich für Export-Wagen gab es erstmalig eine Warnblinkanlage serienmäßig.
- Nach zweijähriger Testphase war man im Barkas-Werk endlich soweit, die Lagerung des Kolbenbolzens auf Nadellager umzustellen und eine Mischungsschmierung von 1:50 zu erlauben. Auch durfte nun wieder auf den billigeren Kraftstoff mit 79 Oktan zurückgegriffen werden, wobei Zwickau aber weiter VK 88 empfahl. Die Motornummern begannen jetzt mit den Ziffern 65 und 66 (Hycomat), der erste neue Motor hatte die Nummer 65-001501.
- Am 5. Juni 1974 wurde erneut die Anhängelast für den P 601 mit Duplexbremse nach oben korrigiert. Jetzt ließ man sogar 400 kg zu, vorausgesetzt, der Anhänger verfügte über eine eigene Bremsanlage.
- Ab 22. Oktober (21 79 361 und 27 46 772) wurde, ebenfalls nach längeren Testphasen, eine neue Getriebeübersetzung wirksam.

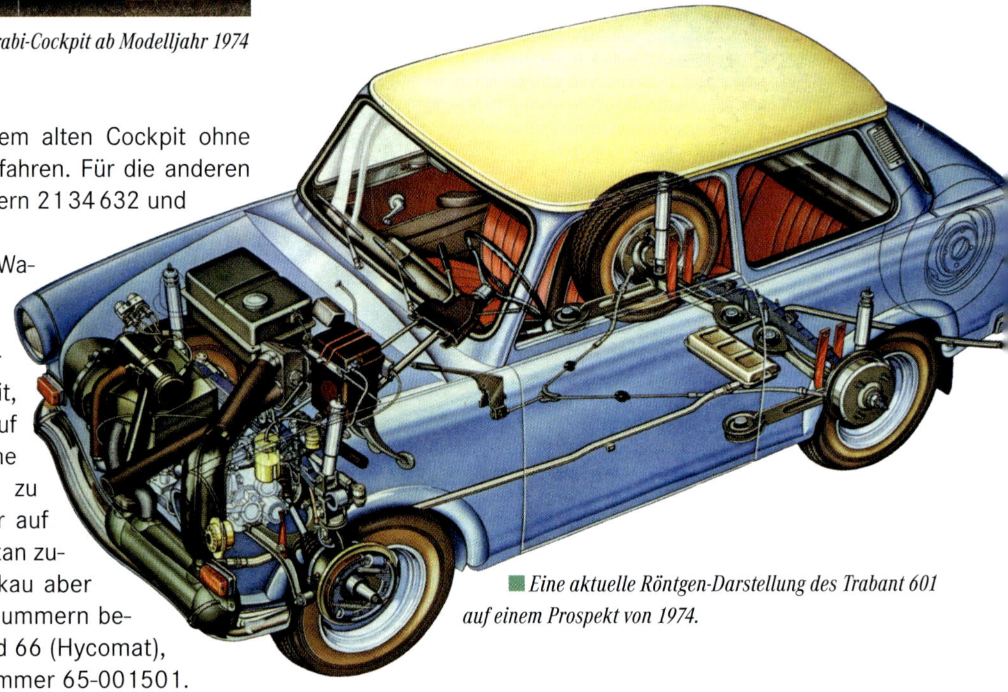

Eine aktuelle Röntgen-Darstellung des Trabant 601 auf einem Prospekt von 1974.

1975

Im Gesetzblatt Nr. 37 der DDR vom 6. August 1974 waren Abgasgrenzwerte für in der DDR ab dem 1. 1. 1974 zugelassene Kraftfahrzeuge festgelegt worden, die ab 1. 1. 1975 Gültigkeit hatten. Der zulässige Kohlenmonoxydgehalt im Abgas durfte 4,5, der Ölanteil im Kraftstoff für Zweitaktmotoren 2 Volumenprozent nicht überschreiten. Letzteres wurde beim Trabant ja inzwischen durch das Verhältnis von einem Teil Öl auf 50 Teile Kraftstoff gewährleistet. Zur Abgasregulierung wurde in den Werkstätten meist einfach nur der Vergaser auf »mager« eingestellt. Die danach oft schlechteren Fahrleistungen wussten Trabi-Fahrer mit einfachem Werkzeug schnell wieder zu verbessern.

- Ab Juli 1975 musste sich der Kunde um neue Sicherheitsgurte mit »Einhandbedienung« bemühen, da statt des kurzen, losen Gurtendes nun zwischen den Sitzen Gurtpeitschen mit Drucktastenschloss montiert waren. Der Lehnenverstellhebel des Beifahrers musste deshalb auf die rechte Seite verlegt werden.

1976

- Ab September wurden neue Motornummern in den Block geschlagen: Der Motor P 65 begann nun mit den Ziffern 50 und der P 66 (Hycomat) mit 60. Zu den sechs folgenden Ziffern gab es keine Lücke mehr.
- Wieder einmal wurde die Heizleistung des Trabant verbessert: Ab November 1976 wurde er mit einer Abgaskrümmerheizung ausgestattet. Eine Blechummantelung des Krümmers war mit dem Kühlluftgehäuse auf der einen und dem Heizungsgeräuschdämpfer auf der anderen Seite verbunden.
- Ab Dezember erhielt der universal eine mechanische Heckklappenstütze. Beim Anheben der Klappe bis zu einem gewissen Punkt rastete das System ein und nach leichtem Anheben zum Schließen der Klappe wieder aus.

Besuch von »oben«: Die sowjetischen Kosmonauten Bykowski (rechts) und Axjonow machten am 15. Oktober 1976 einen Rundgang durch das Sachsenring-Werk. IFA-Chef Dr. Winfried Sonntag hält die Tür offen.

1977

- Die S- und de-luxe-Modelle erhielten auf Wunsch neu gestaltete Kunstlederbezüge für Sitze und Hutablage und Gummistoßhörner für die Chromstoßstangen. Die feinere Innenausstattung kostete 125 Mark, die Stoßhörner schlugen mit 50 Mark zu Buche.
- Ab Juli entfiel der »Zuziehgriff« der Türen für die Ausführung de luxe; die Armstütze sollte diese Funktion mit übernehmen. Bei den übrigen Varianten wanderte der Griff von der Fensterbank zur Innenverkleidung, wo er mit dem inneren Türblech verschraubt wurde.
- Für manche war es eine Sternstunde in Sachen Einsparung teurer Rohstoffe, andere hatten zu dieser Zeit für jegliche Verbesserungen am Trabi sowieso nur noch ein müdes Lächeln übrig: Bei Aufbrauchen der Lagerbestände verschwanden Anfang des Jahres 1977 die seit mehr als 20 Jahren in wechselnden Formen an Zwickauer PKW-Räder geklemmten Aluminium-Radkappen. Sie wurden nun von dunklen Plastikkappen auf Radnabe und Radmuttern ersetzt.

Der universal mit neuer Heckklappenstütze ab 1976. Wenig später konnten Gummistoßhörner geordert werden; die Aluminiumradkappen verschwanden Ende 1977.

1978

- Ab 27. März gab es nur noch einen Ascher im Fond, die linke hintere Innenverkleidung wurde nun ohne den dafür nötigen Ausschnitt gefertigt.
- Ab Juli gelangte die Fensterkurbel des Wartburg 353W zum Einsatz.

1979

- Ab 1. März wurde die Variante S de luxe weiter aufgewertet. Die Sitze bekamen einen schweißtreibenden Bezug aus Kunstfaser (Dederon) in der Farbe »kognac-ocker«. Und noch eine Kunstfaser (Wolpryla) kleidete den Kofferraum anthrazitfarben, 5 cm dick, aus. Das Reserverad bekam eine Kunstlederumhüllung. Ein neuer Scheibenwischermotor mit Schneckengetriebe ließ nun zwei Geschwindigkeiten zu. Mit Dauer- und Intervallschaltung waren insgesamt vier Betriebsarten möglich, die mittels neuem Intervallschalter vorgewählt werden konnten. Ein Druck auf den gleichen Schalter löste die Wisch-Wasch-Automatik aus.

Außerdem erstmals im Zwickauer Programm: Ein Rückfahrscheinwerfer, ebenfalls ausschließlich für den Typ S de luxe.

- Ab April entfiel die Reserveradhülle für den Kübel.
- Gegen Ende der siebziger Jahre war die Ersatzteilversorgung der Vertragswerkstätten unter 50 Prozent des Kundenbedarfs gesunken. Dafür sind mehrere Ursachen zu nennen. Die stetige Unterversorgung mit PKW, die in den Siebzigern durch stark gebremsten Import immer mehr zunahm, sorgte dafür, dass die allermeisten P 50 der ersten Stunden mittlerweile ihr 20-jähriges Straßenjubiläum feierten. Aus Altersgründen wurde in der DDR kein Auto ausrangiert. Da mussten schon Totalschäden her, und zwar totaler als total. Die PKW-Flotte der DDR war überaltert und beanspruchte auch aus diesem Grunde unverhältnismäßig viele Ersatzteile. Und deren Qualität ließ ja nicht selten zu wünschen übrig. Die Reihe der »regenerierten« Teile – wie-

In erster Linie um die Klappcamping-Anhänger aus DDR-Produktion ziehen zu dürfen, wurde wiederholt die zulässige Anhängelast des P 601 nach oben korrigiert.

Blick in den Innenraum des Trabant 601 S de luxe, wie er ab März 1979 ausgeliefert wurde.

der aufgearbeitete Austauschteile – wurde immer länger, reichte vom Axiallüfter bis zur Zahnstangenlenkung. Ab 1980 schrieb Zwickau seinen Vertragswerkstätten sogar vor, in Garantiefällen Austauschteile zu verwenden! Auch gab es seit dieser Zeit keine kompletten Motoren (für deren Zylinder ab 1980 fünf (!) Schleifmaße galten) und Getriebe mehr für Reparaturzwecke. Die jeweils defekten Einzelbauteile mussten ersetzt werden, was die chaotischen Zustände in den Werkstätten nicht gerade ordnete. Dort ging auf normalem Wege sowieso schon längst nichts mehr. Ohne Beziehungen und den obligatorischen Fuffi extra waren weder Teile noch Termine zu bekommen. Waren die Beziehungen richtig gut und der Fuffi wuchs zum Hunni, war sogar Unmögliches möglich: Das Umwandeln alter P 50 in neue P-601-Modelle (den Werkstätten immer wieder strikt untersagt) oder gar das Aufbauen von Neufahrzeugen aus Ersatzteilen, was für alle DDR-Kraftfahrzeuge per Gesetz verboten war. Das kostete natürlich »außerplanmäßig« Ersatzteile, deren Produktion mit dem ständig gestiegenen Ausstoß von Neufahrzeugen nicht Schritt gehalten hatte, sondern, im Gegenteil, immer mehr von der Produktion aufgesogen wurde. Auch die Zulieferer waren längst an ihren Kapazitätsobergrenzen angelangt, notwendige Investitionen, wenn überhaupt, nur in bescheidenem Umfang möglich. Ab Ende der siebziger Jahre wurde im ostdeutschen Fahrzeugbau nur noch auf Verschleiß gefahren.

Aber getreu dem »Gesetz« des DDR-Sozialismus, wonach es zwar nichts gab, aber trotzdem jeder alles hatte, kamen irgendwie und irgendwann alle Trabis wieder auf die Räder.

1980

Und die wurden zu Beginn des Modelljahres, ab 1. April 1980, mit einem Zweikreis-Bremssystem verzögert. Ein Tandem-Hauptbremszylinder versorgte Haupt- (Vorderachse) und Nebenkreis (Hinterachse).

Äußerlich war der Trabant ab 1980 an den geänderten Stoßstangen mit schwarzen Kunststoffecken zu erkennen. Der S de luxe erhielt eine Nebelschlussleuchte über dem linken Gummistoßhorn.

In der *KFT* 1/81 hieß es unter anderem aus Zwickau zu den neuen Stoßstangen: »Durch eine enge sozialistische Zusammenarbeit zwischen Technologen, Konstrukteuren, Rationalisierungsmittelspezialisten und den Grundlagenforschern an der TH Magdeburg war es möglich, die Überleitungszeit von der Konzeption der patentierten Technologie bis zum Serieneinsatz auf nicht mehr als 30 Monate zu begrenzen.« Wie gesagt, es ging um Stoßstangen!

Für die achtziger Jahre wurde der Trabi mit patentierten Stoßstangen und schwarzen Kunststoff-Türgriffen »fit« gemacht. Die Nebelschlussleuchte blieb zunächst den S-de-luxe-Modellen vorbehalten.

1981

Die ab Juli eingeführten schwarzen Kunststoff-Türgriffe mit neuem Schließmechanismus bleiben einzige Neuerung dieses Jahrgangs.

1982

Wieder war es im Wesentlichen die S-de-luxe-Variante, die in den Genuss von Detailverbesserungen kam. Nach Einführung einer verstärkten B-Säule war es nun möglich, die oberen Befestigungspunkte der Sicherheitsgurte an den Mittelholm zu verlegen. Gurte mit Aufrollautomatik konnten jetzt theoretisch eingesetzt werden. Zum Anbringen von Fondsicherheitsgurten war eine entsprechende Vorrüstung vorhanden. Während die Sonderwunsch-Modelle in Sachen Gurt später nachzogen, blieb es in den Standard-Typen wie gehabt. Gurtpflicht für Fahrer und Beifahrer bestand in der DDR übrigens seit 1980.

Das Volk der DDR hat es wohl längst nicht mehr interessiert: Nach einem Vierteljahrhundert rollte der zweimillionste Trabant aus der Montagehalle.

Ein neues Lenkrad und die Kraftstoff-Füllstandsanzeige wurden Ende 1982 für die S-de-luxe-Modelle eingeführt.

Ein neues Vierspeichen-Lenkrad aus PUR-Schaumstoff wurde zum Blickfang im Cockpit und verstellte etwas die Sicht auf ein zum Jahresende überarbeitetes Armaturenbrett, in das neben dem Tacho eine Kraftstofffüllstandsanzeige als Rundinstrument eingelassen war. Damit entfiel zumindest in der teuersten Ausstattungsvariante der – seit Jahrzehnten eingesetzte – PVC-Messstab. Die Armaturentafel hatte anstelle der äußeren Hartschaumeinkleidung nun eine »schaumkunstlederkaschierte Faserplastabdeckung« und der Tachometer einen zusätzlich aufgesetzten Blendschutz.

Ebenfalls zum Jahresende erhielt der universal Gasfedern zur Führung und Abstützung der Heckklappe.

1983

- Im Oktober bekam der Trabant endlich die lang ersehnte 12-Volt-Bordspannung und alle Typen wieder einheitlich die 38-Ah-Batterie. Eine Drehstromlichtmaschine (14 V, 42 A) mit elektronischem Regler versorgte im S de luxe sogar eine heizbare Heckscheibe mit konstanter Spannung.
- Kopfstützen aus PUR-Schaumstoff, ebenfalls nur für die teuerste Ausführung, wurden erstmals serienmäßig eingesetzt.
- Ein neuer Heizungsgeräuschdämpfer konnte die immer noch kernigen Innenraumgeräusche, vor allem nach Öffnung der Heizung, nur geringfügig vermindern.
- Schließlich wurde in diesem Jahr noch ein neues Scheibenrad 41 x 13H1 x 135, erkennbar an den umlaufenden Schlitzen zur Belüftung der Bremstrommeln, auf alle Trabi-Achsen gesteckt.

1984

- In diesem Jahr schafften es die Zwickauer Automobilbauer erst ab Mai, Modellpflege zu betreiben. Dazu zählten ausstellbare hintere Seitenscheiben für die S-de-luxe-Limousinen, die für eine deutlich bessere Belüftung des Fahrgastraumes sorgten.
- Weil alle Sprit sparen sollten, bekamen auch alle Modelle eine Kraftstoffmomentananzeige mit einer ampelfarbigen LED-Kette. Eine eher fragwürdige Kreation, die oftmals auch bei Vollgas im grünen Bereich blieb. Praktischer da vielleicht das Gaspedal mit Druckpunkt, wobei das Pedal ab einer bestimmten Stellung gegen eine Feder drückte.
- Kernstück der 84er-Überarbeitung war ein neuer Radantrieb mittels Gleichlaufgelenkwellen, die die alten Scharniergelenke ablösten.

Die Gasfedern für die Kombi-Klappe kamen noch 1982, die Kopfstützen dann ein Jahr später.

Das letzte große Änderungspaket erhielt der Trabant für die Modelljahre 1984 ...

… und 1985. Und dennoch: Wesentliches hatte sich am Trabant 601 in 20 Jahren nicht verändert

Schon 1978 wurde mit der französischen Firma Citroën ein Vertrag zur Errichtung eines Gelenkwellenwerks in Mosel bei Zwickau abgeschlossen. Mit französischer Unterstützung konnte ab 1. Juni 1981 die Produktion aufgenommen werden, um zunächst die gallischen Abnehmer zu beliefern, aber auch, um in die ČSSR und nach Jugoslawien zu exportieren. Der heimische Markt musste warten, bis die Fahrzeugentwicklungen den neuen Wellen angepasst waren. Die Gleichlaufgelenkwelle hatte ein Sechskugel-Außengelenk, das eine gleichmäßige Kraftübertragung von der Antriebswelle zum Achsschenkel sicherte. Querschwingungen und Vibrationen (vor allem beim Anfahren und plötzlichen Beschleunigen) wurden nahezu eliminiert; das Kurvenverhalten verbesserte sich deutlich.

- Außerdem 1984: H4-Scheinwerfer für alle Modelle und Halogen-Nebelscheinwerfer für die S-de-luxe-Varianten.
- Die Vergaser hatten inzwischen ein halbes Dutzend Überarbeitungen hinter sich. Ab 1984 kam der Typ 28 H 1-1, bei dem die Hauptdüse nur noch im Teillastbereich arbeitete, zum Einsatz; wurde zum Erreichen höherer Drehzahlen die Drosselklappe mittels Gaspedal weiter geöffnet, sorgte eine Zusatzdüse für die notwendige Gemischaufbereitung. Der Startvergaser war entfallen. Für den neuen Vergaser wurde der Ansaugkanal im Bereich des Kurbelgehäuseoberteils von 26 auf 28 mm Durchmesser erweitert.

1985

WE II war ursprünglich die Bezeichnung für einen zu Beginn der achtziger Jahre entworfenen Nachfolgetyp des P 601 mit modern gezeichneter Karosserie, von dem im nächsten Kapitel noch die Rede sein wird. Übrig blieb von den schönen Plänen nur die werksinterne Benennung WE II (WE = Weiterentwicklung), die ab Januar 1985 das etwas überarbeitete Zweitakttriebwerk des P 601 erhielt. Den Anfang hatte Ende 1984 bereits der neue Vergaser gemacht. Dazu kam nun eine (wieder) wälzgelagerte Kurbelwelle (Rollen aus Kugellagerstahl), deren Raum nun mit Kolbenringen statt den anfälligen Simmerringen abgedichtet war. Durch eine Abflachung der Tiefe des Halbkugel-Brennraumes stieg die Verdichtung von 7,5 auf 7,8. Zum Jahresende wurde der Entwicklungsschritt mit der Einführung einer elektronischen Zündung, die die bisherige Unterbrecheranlage ersetzte, abgeschlossen. Das WE-II-Paket, das vor allem die Lebensdauer des Motors wieder erhöhen sollte (sie war inzwischen auf wenig über 40 000 km abgesunken!) und den Treibstoffverbrauch unter sieben Liter drückte, war gegen die frühere Technik austauschbar.

1986

Einen elektronischen Zweikreisblinkgeber, schmalere Zündkerzen (Schlüsselweite 16 gegenüber zuvor 20), neue Spurstangen (vom Wartburg 353) und eine verbesserte Sitzverschiebung mittels Kugelrollenführung gab es in diesem Jahr für alle Trabant-Varianten. Für den S de luxe und auch für ihn nur auf besonderen Wunsch wurde erstmals werkseitig ein Glaskippdach mit einer maximalen Öffnungsweite von 60 mm angeboten.

Trabant 601 S de luxe, Ausgabe 1986 (Abb. hier und auf der nächsten Seite); ein Glaskippdach konnte erstmals auf Wunsch werkseitig für Limousine und Kombi geliefert werden.

1987

Die Zahl der Veränderungen am Trabant P 601 war in der zweiten Hälfte der achtziger Jahre stark rückläufig. Zum einen gab das Konzept nicht mehr viel an Veränderbarem her, zum anderen konzentrierte man sich in Zwickau auf die Serienvorbereitung des Viertakt-Trabis.

So war für dieses Modelljahr der Einsatz von Mehrschichtsicherheitsglas für die Frontscheibe der einzig nennenswerte Punkt.

1988

Schon im Hinblick auf den Trabant 1,1 gab es ab April 1988 Schraubenfedern für die hinteren Räder. Vorne musste die inzwischen mehr als antiquierte Blattfeder weiter ihre treuen Dienste leisten.

Die Schraubenfedern verbesserten den jahrzehntelang bemängelten Federungskomfort deutlich.

Ein Trabant-Nachfolger wird gesucht

Die Realisierung des P-50-Projekts, wenn auch mit unendlichen Schwierigkeiten und Verzögerungen verbunden, machte den Verantwortlichen für den DDR-Kraftfahrzeugbau Mut, neue Herausforderungen anzunehmen. So gab es schon bald Überlegungen, ein für die ostdeutsche PKW-Produktion völlig neues Konzept zu entwickeln und je nachdem, welche Richtung internationale Trends einschlügen, den Kleinwagen Trabant durch ein größeres Modell abzulösen oder ihm noch einen größeren Bruder zur Seite zu stellen.

P 100

Nachdem es schon 1960 Gespräche zwischen den Zwickauer und Eisenacher Automobilwerken gegeben hatte und erste Entwürfe auf den Zeichenbrettern entstanden waren, erteilte die VVB Automobilbau (IFA) am 07. Februar 1961 beiden Werken den Auftrag, je einen Prototyp bis 30. Juni des gleichen Jahres fertigzustellen. Und der Termin wurde gehalten! Beide Fahrzeuge waren mit modern geschnittener selbsttragender Karosserie und Schraubenfedern ausgeführt. Die Wagen hatten eine hydraulische Lenkhilfe (!) und wogen rund 900 kg. Während das Eisenacher Modell nach dem Vorbild des vermeintlichen Trendsetters Volkswagen einen Unterflur-Heckmotor bekam, wurde dem Fahrzeug aus Sachsen der Dreizylinder-Zweitaktmotor des Wartburg längs, die Vorderräder antreibend, eingebaut. Die Karosserien unterschieden sich vor allem im Fenster- und Dachaufbau. Sachsenring hatte rund 650 000 Mark investiert und nach umfangreichen Tests sozusagen den Sieg davongetragen. Der Frontantrieb wurde favorisiert, nicht zuletzt, weil bereits über einen Kreiskolbenmotor laut nachgedacht wurde. Aber davon war man noch weit entfernt; der P 100, wie man den Prototypen nannte, sollte,

Mit dem P 100 war den Konstrukteuren eine hochmoderne Karosserielinie gelungen, wie sie ähnlich einige Jahre später bei der Auto Union in Ingolstadt zu sehen war.

■ *Als Antrieb der Zwickauer Linie diente hier der Dreizylinder-Zweitakter des Wartburg. Und auch sonst war der Wagen eher in der Mittelklasse angesiedelt.*

eben entsprechend dieser Bezeichnung, einen Einliter-Viertakt-Ottomotor bekommen. Und dessen Entwicklung war im ZEK in Chemnitz beinahe abgeschlossen; ein Funktionsmuster wurde als Einzylinder 1962 fertig gestellt.

Nach der Vorstellung der Prototypen herrschte für eine kurze Zeit größte Euphorie; schon war die Serienproduktion (Dach, Motor- und Kofferhaube aus Duroplast) für 1967 im Gespräch. Doch dann brauchte es nur eine Woche, und der P 100 war Geschichte. Berlin hatte entschieden: Alle Dokumente waren zu vernichten, die Versuchsfahrzeuge zu verschrotten. Diese Vorgehensweise bekam in den folgenden Jahrzehnten Methode. Wie auch der Dilettantismus, mit dem Parteifunktionäre Wirtschaftspolitik machten.

Das Wankel-Grab

Während die Sachsen einen Viertaktmotor fest im Visier hatten, verliebte (und verrannte) man sich andernorts in den gerade von Felix Wankel halbwegs serientauglich gemachten Kreiskolbenmotor. Plötzlich floss reichlich Geld aus der Hauptstadt, und bei MZ in Zschopau und dem ZEK in Karl-Marx-Stadt begannen Zweitaktspezialisten mit der Kreation eigener Kreiskolbenmotoren. 1963 wurden die Entwicklungsarbeiten dann von Chemnitz nach Zwickau ins Sachsenring-Werk verlegt. Dort wurde bald ein Kreiskolbenmotor mit 550 cm^3 Hubraum, der bei 5000 U/min rund 50 PS leistete, favorisiert. Allerdings: Gehäuserisse, Hohlradschäden und andere Probleme ließen eine Serienfertigung noch längst nicht zu. Da man dieser Mängel nicht Herr zu werden glaubte, plädierten die meisten mit der Entwicklung betrauten Techniker für eine Wankel-

■ *Einscheiben-Kreiskolbenmotor auf dem Prüfstand in der Zwickauer Versuchsabteilung.*

Lizenznahme von NSU in Neckarsulm. Die Wirtschaftslenker des SED-Staates, in den vermeintlichen Antrieb der Zukunft vernarrt, gaben grünes Licht, und so wurde nach fast 15 Monaten Verhandlungsmarathon am 18. Februar 1965 gegen die Stimmen einiger führender Motorenspezialisten in der DDR, der Vertrag in der Neckarsulmer Chefetage unterzeichnet.

Ein teures Dokument, das die Volkswirtschaft Ostdeutschlands schwer belastete. 3,5 Millionen Mark (West) waren auf

Der in Zwickau gebaute Kreiskolbenmotor KKM 551 hatte ein Kammervolumen von 600 cm^3 und leistete 60 PS.

Mit der Wankel-Lizenz schaufelten ihre Initiatoren das erste Millionengrab der DDR-Kraftfahrzeuggeschichte.

zwei Jahre gestreckt sofort zu zahlen, dazu kamen jährlich steigende Lizenzgebühren, die sich ebenfalls schnell auf sieben Stellen addierten.

Betreten mussten die Konstrukteure auch sehr bald feststellen, dass man bei NSU mit denselben Problemen kämpfte, die die Lizenznahme zwingend erscheinen ließen; ja, dass der NSU-Kreiskolbenmotor sogar noch mit Schwächen aufwartete, die man in Zwickau schon überwunden hatte!

Dennoch wurden die Arbeiten mit Hochdruck fortgesetzt und der Motor, zunächst für den Wartburg, dicht an die Serienproduktion herangeführt. Aber die Stimmung begann bereits umzuschlagen. Zum einen rückte durch eine neue Wirtschaftsstrukturpolitik der Automobilbau in der DDR ins hinterste Glied, zum anderen gewannen die Gegner des Kreiskolbenmotors, die einen Viertakt-Ottomotor forderten, die Oberhand. Der internationale Stimmungsknick contra Wankelmotor besiegelte schließlich das endgültige Aus: Am 24. Juni 1969 wurde der Lizenzvertrag mit NSU gekündigt.

Viel Geld (zuletzt 200 000 West-Mark, noch 1971 von NSU erstrittene Lizenzgebühren) und Zeit waren verloren gegangen, die, damals mit mehr Überlegung in die Automobilentwicklung investiert, die Geschichte des DDR-Automobilbaus auf andere Gleise geführt hätten. Davon sind zumindest die Gegner des KKM von damals noch heute überzeugt.

Der P 603

Im VEB Sachsenring Automobilwerk Zwickau war der Einbau eines Wankelmotors zum Ende der sechziger Jahre in einen Nachfolger des Trabant 601, einem intern P 603 genannten Vollheck-PKW, vorgesehen.

Dessen Geschichte begann eigentlich auch schon 1960. Zu dieser Zeit waren von der Konstruktion diverse Fahr- und Triebwerksänderungen unter der Bezeichnung P 60/3 in Angriff genommen worden, die 1965 serienwirksam werden sollten. Schraubenfederung hinten (kam dann 27 Jahre später!) und eine Frischöldosierung waren die Kernpunkte, die aber schon 1962 wieder verworfen und dann erst in einem neu zu konstruierenden »Trabant 603« zur Realisierung vorgesehen waren. Dafür sollten in einem »Trabant 602«-Projekt erst mal kleinere Brötchen wie Doppelgelenkwellen oder Duplexbremse gebacken werden. Aber auch das verzögerte sich und wurde ab 1967 teilweise in einem Minimalprogramm beim P 601 eingeführt.

1963 begannen also erste konstruktive Arbeiten am P 603, die im Folgejahr mangels finanzieller Unterstützung schon wieder

Zu Beginn der 1960er Jahre entstanden viele Studien zu möglichen Nachfolge-PKW, sowohl für Zwickau wie für Eisenach. Hier ein AWE-Entwurf von 1962.

stark eingeschränkt werden mussten. Erst ab 1966 wurde der mutmaßliche Trabant-Nachfolger offiziell in die Planungen integriert und schon Ende des Jahres konnten ein 1:5- und ein 1:1-Modell präsentiert werden. Die Konstruktion wies folgende Charakteristika auf:

Karosserie

Top-moderne dreitürige Vollheckkarosserie in selbsttragender Bauweise mit einer Gesamtlänge von 3733 mm. Vorderer und hinterer Fahrschemel zur Aufnahme des Chassis. Der Karosserievorbau ließ gestalterisch verschiedene Motorenkonzepte zu. Die von Ingenieur Lothar Sachse entworfene Karosserie (vorher schon P 601) sollte es nicht mehr als Kombi, wohl aber wieder in einer Kübelversion geben.

Der P 603 sollte die internationale Konkurrenzfähigkeit sichern, was konstruktiv und gestalterisch zweifellos gelungen wäre.

(Bild oben und unten) Während der erste Prototyp durch seine glupschäugigen Blinkleuchten und runden Scheinwerfern auffiel, erinnerten spätere Studien mit ihrer Frontgestaltung an den Wartburg.

Fahrwerk

Vorderachse mit Mc-Pherson-Federbeinen, Hinterachse als Längsschwinge mit Querlenkern und Schraubenfedern vorn und hinten waren zu dieser Zeit längst noch nicht Standard im internationalen Automobilbau. Eine Zweikreisbremsanlage verzögerte vorn mit den Duplexbremsen des Wartburg, hinten waren die Trabant-üblichen Simplexbremsen eingebaut. Der vordere Hilfsrahmen wurde selbstständige Montageeinheit.

Triebwerk

Folgende drei Triebwerkvarianten schienen 1966 denkbar: Ein weiterentwickelter Zweizylinder-Zweitaktmotor mit weiterhin 600 cm^3 aber 30 PS, ein Kreiskolbenmotor oder ein Vierzylin-

der-Viertaktmotor mit ca. 40 PS. Für die beiden moderneren Varianten war noch ein neues Getriebe zu entwickeln.
Mit Datum 30. Dezember 1966 legte Sachsenring-Direktor Uhlmann der Generaldirektion der VVB IFA zu Beginn des Jahres 1967 ein technisch-ökonomisches Gutachten zur Entwicklung und Produktion des Trabant 603 vor. Danach sollten bis Ende 1968 zehn Prototypen mit unterschiedlicher Motorisierung gefertigt und im Mai 1969 mit der Nullserie begonnen werden. Ab November 1969 könnte, dem sehr detaillierten Exposé zufolge, die Serienproduktion anlaufen. 6,77 Millionen Mark waren bis dahin zu investieren. Es müsste eigentlich gar nicht mehr erwähnt werden, dass solche Summen bei weitem nicht zur Verfügung gestellt wurden. Nur eine halbe Million konnte die VVB Automobilbau jährlich aus ihrem »Fonds Technik« entbehren. Obgleich an solche Beschneidungen gewöhnt, überzogen Konstruktions- und Versuchsabteilung permanent das Konto, was jedoch von der vorgeordneten Behörde stillschweigend geduldet wurde.
Die Umsetzung schritt zügig voran. Die Verhandlungen mit Zulieferern übernahm Zwickau wieder selbst. In zwei Jahren wurde ganze Arbeit geleistet. Neben neun Prototypen (sechs mit Einliter-Viertakt-Ottomotor von Skoda, zwei mit Kreiskolbenmotor und einer mit Dreizylinder-Wartburgmotor) waren alle notwendigen Verträge unter Dach und Fach und die Finanzierung auf sichere Füße gestellt.
Für die Produktionsanlagen in Zwickau waren als einzig größere Investition gekapselte Vliesstraßen für die Aufbereitung des Pressstoffvormaterials mit automatischen Beschneideeinrichtungen vorgesehen. Die Werkzeuge für die neuen Duroplastteile waren bereits fertig.
Zum Serieneinsatz kamen sie freilich nicht mehr. Es hatten sich inzwischen Kräfte formiert, allen voran Günter Mittag Politbüromitglied und späterer Wirtschaftsboss der DDR, die andere Vorstellungen von der Zukunft des DDR-Automobilbaus hatten.
Am 26. November 1968 wies der Generaldirektor der VVB Automobilbau die Sachsenring-Ingenieure an, die Arbeiten am PKW 603 einzustellen.
Mit dessen Ende war auch für Kurt Lang der Traum vom kon-

Das Designer-Duo Clauss Dietel und Lutz Rudolph war maßgeblich an der Gestaltung von Zwickauer Trabant-Nachfolgern beteiligt. Im Bild eine 1:5-Modellstudie vom P 603 aus dem Jahre 1966.

Ebenfalls aus dem Jahr 1966 stammt das Versuchsfahrzeug 602 V mit geänderter Heckpartie, in der auch der 30-Liter-Tank untergebracht war.

kurrenzfähigen Automobilbau in der DDR ausgeträumt. Mit 60 Jahren trat er schon ein halbes Jahr vor dieser Entscheidung in den frühzeitigen Ruhestand; die VVB-Leitung war dem einstigen technischen Direktor von Audi, Winfried Sonntag, übertragen worden.

Und noch jemand musste - zumindest vorübergehend - seinen Posten räumen: Chefkonstrukteur Werner Lang, der das Aus seines Kindes mit deutlichen Worten kommentiert hatte, wurde für zwei Jahre zur LKW-Produktion nach Ludwigsfelde beordert.

Anlässlich der Bezirksdelegiertenkonferenz der SED am 31. Mai 1969 in Karl-Marx-Stadt wurde ein letzter Rettungsversuch unternommen: Erich Honecker sollte ein Prototyp des 603 vorgestellt werden, was wiederum dessen politisches Umfeld zu verhindern wusste. Um jeden weiteren Versuch dieser Art zu unterbinden, ordnete Mittag persönlich die Vernichtung aller 603-Prototypen an.

Obgleich es nach dem 603 weitere vielversprechende Projekte gab, war ein Bruch entstanden, der sich als nicht mehr reparabel erwies. Darunter hatten vor allem die Produktionsanlagen zu leiden, deren Verschleißgrad schon 1973 stattliche 52 % (!) betrug. Rund 2 Milliarden Mark waren nach Expertenschätzungen damals an Investitionen nötig, um die Produktion aufrechtzuerhalten. Das Geld gab es nicht, aber die Produktion lief trotzdem weiter - so war das eben in der DDR. Die in den siebziger und achtziger Jahren eingesetzten Industrieroboter, zum Beispiel für eine Schweißstraße, waren immerhin ein schöner Schein, vor allem nutzbar für die SED-Propagandamaschinerie.

Das multinationale Ost-Automobil

Politische Entscheidungsträger waren nun der Meinung, dass sowohl die Eigenproduktion von Viertaktmotoren als auch eine auf die DDR beschränkte Weiterentwicklung von Karosserie und Chassis viel zu teuer käme.

Ein RGW-Projekt (Rat für gegenseitige Wirtschaftshilfe, das osteuropäische Gegenstück zur EWG) war es, für das sich führende Wirtschaftspolitiker jetzt, vor allem anfangs, stark machten. Ein »Gemeinschaftsauto« sollte es werden, was letztlich an tschechischen und ostdeutschen Autobauern hängen blieb. Bis auf Ungarn, das zur Lieferung einiger Baugruppen herangezogen werden sollte, zeigten die anderen Ostblockstaaten nur die kalte Schulter.

Trotz Vorbehalten (Skoda hielt am Heckmotor-Konzept fest) kam es zu einem Regierungsabkommen, das zunächst den Bau von 600 000 Fahrzeugen jährlich (je 300 000 für die beteiligten Länder) vorsah. Die Karosserie- und Fahrwerksentwicklung sollte in der DDR betrieben werden, die CSSR hatte vor allem den Motor und die Scheibenbremsen beizusteuern. Im November 1971 in Lany und im September 1972 in Berlin

Eine Modellstudie des Typs P 760, die unverkennbar wieder vom Designer-Duo Dietel/Rudolph stammte.

wurden durch Regierungsvertreter der beiden Hauptbeteiligten weitere Fakten geschaffen, und das Präsidium des Ministerrates sollte mit seiner Zustimmung zur Entwicklung der PKW-Produktion in der DDR am 05. April 1972 das Projekt eigentlich unumkehrbar machen.

Die technische Konzeption des Fahrzeugs, mit dessen Serienstart nicht vor 1979 zu rechnen war, las sich wie folgt: Die Karosserie, in der Größe der unteren Mittelklasse, war wieder in Vollheckausführung, jetzt zwei- und viertürig vorgesehen; statt der weit öffnenden Hecktür sollte es aus Kostengründen nur eine unpraktische Kofferraumklappe geben. Dafür war aber wieder ein Kombi im Gespräch, und der Kübelwagen war inzwischen sowieso unentbehrlich.

Die vorn einzeln aufgehängten Räder sollten von einem 50 PS leistenden 1,1-Liter-Viertaktmotor angetrieben und von Scheibenbremsen verzögert werden.

Ein erster Prototyp mit der Bezeichnung P 760 wurde im Frühjahr 1973 präsentiert. Wegen seines etwas plumpen Aussehens hatte er in der Sachsenring-Belegschaft schnell den Spitznamen »Hängebauchschwein« bekommen.

Zur endgültigen Absegnung waren nochmals politische Hürden zu nehmen. Am 07. März 1973 beschloss das Präsidium des Ministerrates unter Punkt eins: »Zur Verbesserung des Be-

Eines der wenigen Fotos vom Prototyp P 760, von den Zwickauer Automobilbauern auch »Hängebauchschwein« genannt.

darfs an PKW, insbesondere zur Befriedigung der Bedürfnisse der Arbeiterklasse, wird die Konzeption zur weiteren Entwicklung der PKW-Produktion in der DDR bestätigt.«
Aber das reichte noch nicht. Vom Ministerrat musste nun die in 57 Blättern wieder sehr genau ausgearbeitete Konzeption zum Projekt P 760 dem Politbüro des Zentralkomitees der SED, dem höchsten Entscheidungsgremium der DDR, vorgelegt werden.
Am 29. März 1973 bestätigte der Chef des Ministerrats, Willi Stoph, nochmals die Beschlussvorlage und legte sie fünf Tage später im Politbüro vor. Dort wurde das Projekt, wieder einmal auf Betreiben des »Wirtschaftsexperten« Günter Mittag, mit fadenscheinigen und vor allem kurzsichtigen Begründungen verworfen. Unter anderem hieß es: »In der vorliegenden Konzeption wird die Produktionsentwicklung einerseits aus dem so genannten ›Staubedarf 1980‹ in Höhe von 1,25 Mill. Stück

Der P 760 mit einer anderen, nicht weniger gewöhnungsbedürftigen Frontpartie.

abgeleitet. Die Höhe dieser Bedarfszahlen kann schwanken, da Doppel- bzw. spekulative Anmeldungen nicht exakt feststellbar sind.
Andererseits wird die Produktionshöhe von 300 000 Stück mit der nicht bewiesenen Annahme begründet, dass sich der PKW-Bestand pro 1000 Einwohner von 66 im Jahre 1971 auf 250 in den Jahren nach 1990 entwickeln soll. Eine solche Bestandsentwicklung würde bedeuten, dass 1990 bei uns der Ausstattungsgrad mit PKW um etwa 15% über dem heutigen Niveau in der BRD liegen würde.«
Tatsache war dann ein PKW-Bestand im Jahre 1990 von 475 pro 1000 Einwohner in Westdeutschland und 216 in der DDR. Und da war seit November 1989 schon so mancher (Gebraucht-)Wagen von West nach Ost gerollt.

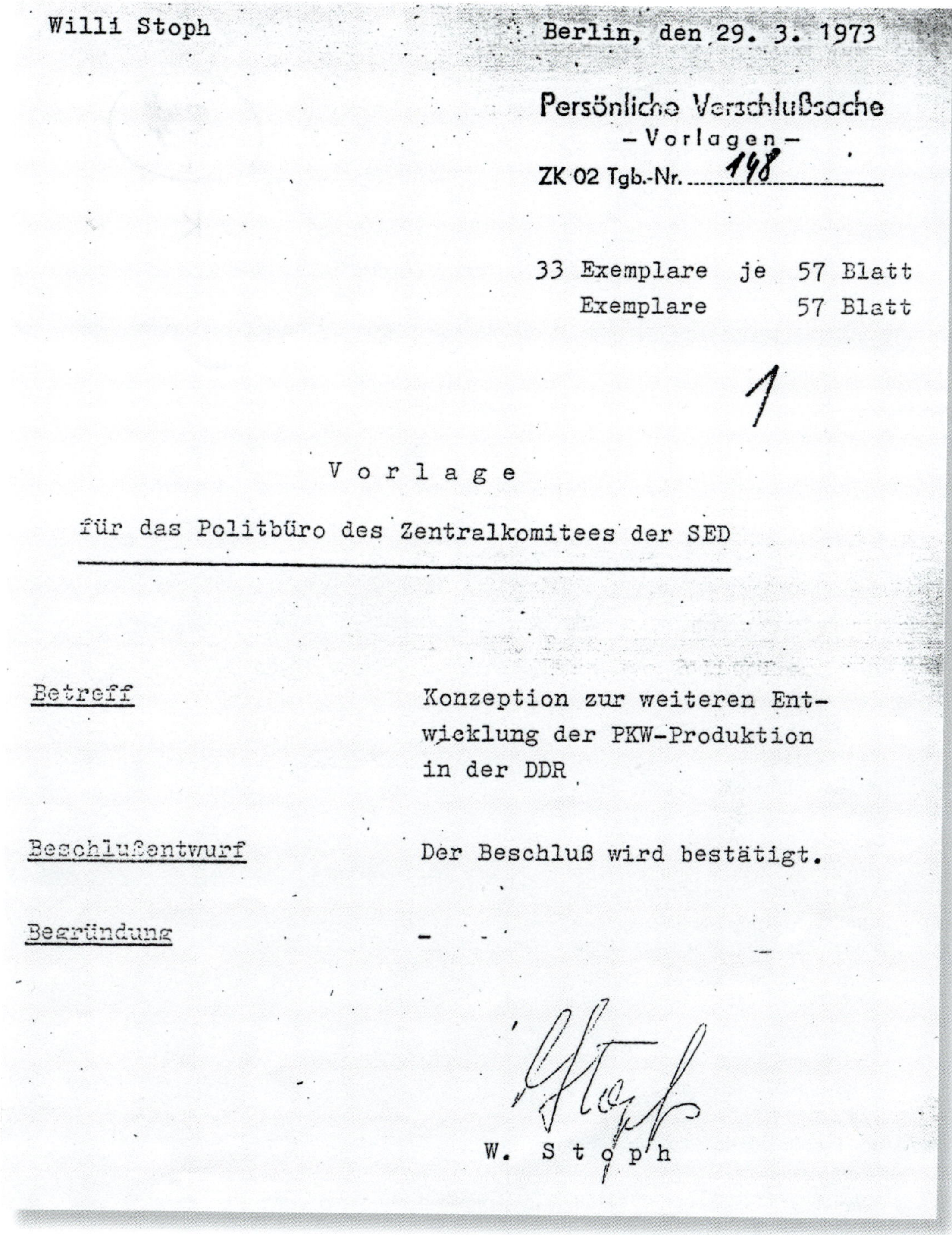

Willi Stoph — Berlin, den 29. 3. 1973

Persönliche Verschlußsache
– Vorlagen –
ZK 02 Tgb.-Nr. 148

33 Exemplare je 57 Blatt
Exemplare 57 Blatt

1

V o r l a g e

für das Politbüro des Zentralkomitees der SED

Betreff: Konzeption zur weiteren Entwicklung der PKW-Produktion in der DDR

Beschlußentwurf: Der Beschluß wird bestätigt.

Begründung: –

W. S t o p h

Trotz Befürwortung eines der hochrangigsten DDR-Staatslenker wurde der Wagen schließlich doch nicht gebaut.

ČSSR und DDR zum Zweiten

Kaum war der P 760 vom Tisch, wurde ein neuer Anlauf genommen, der wieder die gleichen Partner zusammenbrachte: Skoda, AWE und Sachsenring saßen im Spätsommer 1973 über neuen Plänen und beratschlagten vor allem darüber, wie sie stärker auf die staatlich verordnete Kostenbremse treten könnten. Denn möglichst ohne größere Kredite sollte die nun für 1984 vorgesehene Serienproduktion mit nur 240 000 Einheiten pro Jahr (!) vorbereitet werden. Allein durch diese Tatsache war auch der letzte ernstzunehmende Trabant-Nachfolger zum Scheitern verurteilt. Denn die ehrgeizigen Pläne der Konstrukteure kosteten erneut Geld: Das Fahrzeug mit maximal 800 kg sollte wie sein Vorgänger der unteren Mittelklasse zugeordnet und auf einem Radstand von 2380 mm eine moderne Karosserie in Fließ- und Stufenheckausführung aufgesetzt werden. Selbstverständlich selbsttragend und komplett aus Stahlblech. Für die Motorisierung waren Skoda-Motoren mit 1,1 und 1,3 Litern Hubraum (45 und 60 PS) sowie ein in der DDR zu entwickelnder Dieselmotor vorgesehen.

Wieder wurde emsig am Projekt P 1100/1300 (der erste Prototyp P 610 unterschied sich nur unwesentlich vom P 760) gearbeitet und die Pflichtenhefte waren beinahe termingerecht durchgeblättert. So lief bis Ende 1978 alles nach Plan und die Autobauer waren wieder einmal sehr optimistisch.

Aber schon wenige Wochen später kam auch dieses Vorhaben »wegen nicht einzuordnenden Kosten« an der Endstation Politbüro zum Ste-

Zwischen 1973 und 1979 entstanden vermutlich 20 Versuchsfahrzeuge des Typs P 610 (P 1100/1300).

Auch der Innenraum des P 610 entsprach durchaus aktuellem internationalem Standard.

DDR-Gewerkschaftsboss Harry Tisch (Mitte) und Sachsenring-Betriebsdirektor Hipp bei einem Rundgang am 1. Oktober 1979.

hen. Tatsächlich wäre die DDR wirtschaftlich zu diesem Zeitpunkt nicht in der Lage gewesen, die enormen Kosten für eine neue PKW-Fertigung zu stemmen. In den Jahren nach Honeckers Machtantritt hatte die DDR hohe Schulden angehäuft, nötige Milliarden-Investitionen mit einem hohen Valuta-Anteil waren schlicht nicht möglich. Hinzu kamen außerdem noch ein stetiger Arbeitskräftemangel und viele andere hausgemachte Probleme mehr. Dennoch - die letzte Chance war vertan; übrig geblieben ein mit französischer Hilfe im Bau befindliches Gelenkwellenwerk und der 3595 mm lange Prototyp mit zweitüriger Fließheckkarosserie und einem 45-PS-Skoda-Triebwerk.

Man bastelte auch in den Folgejahren an neuen Modellen, aber das waren Studien; mit einem echten Trabant-Nachfolger rechneten auch die größten Optimisten nun nicht mehr.

Die Versuchsmuster P 100, P 610 und WE II können im Automobilmuseum August Horch in Zwickau besichtigt werden.

Ausklang im Viertakt

Eine Tatsache förderte der Plan, mit der Volkswagen AG ein Lizenzabkommen zu vereinbaren – darum ging es den ostdeutschen Politikern nämlich – schnell ans Tageslicht: In der DDR waren Autowerker und Zulieferer schon längst nicht mehr in der Lage, ein Antriebsaggregat für einen PKW nach geltenden internationalen Standards in Serie herzustellen. Die Jahre sozialistischer Lethargie hatten vielen Bereichen der Wirtschaft ihre Konkurrenzfähigkeit genommen, und so mancher Betrieb leistete schon Jahre vor der politischen Wende seinen Offenbarungseid. Dazu kam, dass es für diverse Bauteile, die in modernen PKW-Motoren ihre Verwendung fanden, in der DDR keine geeigneten Produzenten gab.

P 601 Z und WE II

Das war doch mit den letzten Versuchen deutlich geworden. So entstand 1979 bis 1981 mit dem P 601 Z, einer abgespeckten Version des P 1100, praktisch wieder ein Trabant mit geänderter Karosserie. Der 1982 aufgebaute WE II hatte da schon etwas mehr zu bieten. Ein Skoda-Motor war für den Antrieb vorgesehen (für den Prototypen reichte es jedoch nur zum konventionellen Trabi-Motor), und weitere konstruktive Änderungen wurden dann teilweise nur im Trabant 601 realisiert. Der fiktiv für 1988 vorgesehene Serienstart musste 1984 der wahnwitzigen Idee einiger Betonköpfe weichen, die längst den Boden unter den Füßen verloren hatten.

Nie eine echte Chance hatte der WE II von 1982. Der Prototyp war äußerlich gut anzusehen; unter der blechernen Schale …

... war jedoch weitgehend Trabi-Technik untergebracht.

Verhandlungen mit VW

Von Juni bis November 1983 wurden zwischen IFA- und VW-Vertretern erste Verhandlungen geführt, die eine Basis für die Lizenzproduktion von VW-Motoren in der DDR schaffen sollten. Die ostdeutsche Regierung sah hier die billigste Variante, zu einer eigenen Fertigung von modernen PKW mit Viertakt-Otto- bzw. Diesel-Motoren zu kommen.
Gegenstand der Verhandlungen war eine gebrauchte, aber überholte Anlage zur Motorenfertigung, die mit der Lieferung von Rumpfmotoren an VW sowie einer Zwangsabnahme von 2200 VW-Transportern bezahlt werden sollte. Ein Otto- und ein Diesel-Motor waren zur Fertigung vorgesehen, ersterer in zwei Hubraumgrößen (1,05 und 1,3 Liter), jeweils zum Einsatz in Trabant- und Wartburg-Nachfolgern. Der Diesel mit 1,3 Liter sollte in beiden Fahrzeugklassen zum Einsatz kommen.

Der Vertrag

Am 12. November 1984 wurde der Vertrag über die Lieferung von Rumpfmotoren des VW-Typs EA 111 aus der Produktion des VEB Barkas-Werke an Volkswagen abgeschlossen. Ab April 1987 sollte der Benziner und ein Jahr später der Diesel in Serie gehen.
Zehn (!) Industrieministerien waren nun damit beschäftigt, für 510 Zulieferteile, von denen 389 erst noch zu entwickeln waren, geeignete Betriebe auszusuchen oder Importe festzulegen.

Das Objekt der Begierde: Der Vierzylinder-Viertakt-VW-Motor EA 111, wie er im Polo Verwendung fand. (Foto: Johannes Maximilian © CC-BY-SA-4.0)

Pläne und Kalkulationen

Eine erste Hochrechnung ergab einen Finanzbedarf von 3,7 Milliarden Mark. Darin inbegriffen ein neues Montagewerk für den Trabant in Mosel; dort sollte nach fast 50 Jahren erstmals wieder ein Viertakt-PKW im sächsischen Raum produziert werden. Nach ersten Festlegungen war ab Ende 1988 die Nullserie aufzulegen, bis dann, traditionell, ab August 1989 die Serie starten sollte. Der Maximalausstoß von 175 000 Fahrzeugen hätte bis 1991 erreicht werden müssen. Planspiele!
1986, nachdem detailliertere Pläne für die zu fertigenden Motoren vorlagen, wurde neu kalkuliert. Die errechnete Summe war ein Schock für alle Beteiligten: 9,7 Milliarden Mark bedeuteten fast das Ende auch dieses staatlich angeordneten Projektes. Wie kam es zu dieser doch gravierenden Fehleinschätzung? Sie lag hauptsächlich in der Überbewertung der Leistungskraft der involvierten Betriebe begründet. Wie oben bereits beschrieben, waren viele Firmen nicht in der Lage, die zu liefernden Teile in der geforderten Qualität oder letztlich überhaupt zu fertigen. Die geforderten Qualitätsnormen ISO

9001 bis 9004 konnten nur mit oftmals enormen Investitionen gesichert werden. Viele Hersteller mussten im Verlaufe der Vorbereitungen passen, sie waren auch mit Geld nicht mehr zu retten. Es kam zu zahllosen Vertragskündigungen, die irgendwie wieder kompensiert werden mussten. Mit Importen zum Beispiel. Ein weiterer, wesentlicher Punkt der Kostenexplosion. Nicht nur Bauteile, sondern ganze Fertigungsanlagen, weit über den ursprünglich gesteckten Rahmen hinaus, mussten im oft westlichen Ausland eingekauft werden.
Durch eine Vertragsänderung, die den mit Wolfsburg vereinbarten Liefertermin um sechs Monate hinausschob und die Fertigung des Diesel-Motors zunächst ganz ausklammerte, konnten die Kosten schließlich auf 7,96 Milliarden Mark gedrückt werden. Trotz des hohen Anteils von 2,1 Milliarden Valuta-Mark (faktisch der Deutschen Mark, die es zu dieser Zeit im offiziellen Sprachgebrauch der DDR nicht gab, gleichzusetzen) für westliche Importe wurde diese höchste Investitionssumme der DDR-Geschichte letztlich von oberster Stelle abgesegnet, die dann alsbald der aus den letzten Löchern pfeifenden Wirtschaft schwer im Magen lag.
Freilich wäre mit diesem Geld die Entwicklung eines völlig neuen, modernen Autos mit DDR-eigenem Viertaktmotor bis zur Serienreife zu bringen gewesen. Aber nur theoretisch. Ohne den Druck, der vom Vertrag mit Volkswagen ausging, wäre das, was in der Automobil- und Zulieferindustrie der DDR in den Jahren 1984 bis 1990 vorangebracht wurde, niemals zustande gekommen. Dazu wären letzten Endes weder das Geld (die Lizenznahme sollte ja der billigste Weg zum Viertakt-PKW in der DDR werden) noch die breite personelle Unterstützung gewährt worden. Dass am Ende doch nur wieder eine Notlösung herauskam, steht auf einem anderen Blatt.
Viele Betriebe wären zudem den steinigen Weg, der ein gewaltiger Innovationsprozess war, nicht mitgegangen. Allein im Barkas-Werk in Chemnitz stieg die Stundenleistung nach Anlauf der neuen Motoren-Fertigung um 500 %! Da kann man sich leicht ein Bild von der Arbeitsproduktivität der DDR-Wirtschaft der letzten Jahre machen.

BM 860 und BM 820

1988 begann dann zunächst die Serienproduktion des Motors BM 860 mit 1,3 Litern Hubraum für den Wartburg. Die Übergabe der ersten Rumpfmotoren an VW erfolgte am 4. November 1989. Und schließlich wurde auch die Produktion des 1,05 Liter-Motors BM 820, der sich von seinem größeren Bruder lediglich im Kolbenhub unterschied, zum Einbau in den Trabant gestartet. Für den 40 PS leistenden Motor und sein Umfeld sind folgende Daten von Interesse:

- Obenliegende, über Zahnriemen angetriebene Nockenwelle,
- automatischer Ventilspielausgleich durch hydraulische Tassenstößel,
- Einkanalvergaser (von Weber, Italien) mit Schubabschaltung und Startautomatik,
- elektronische Batteriezündung,
- Ansaugluft-Temperaturregelung und selbstregelnde Gemischvorwärmung,
- neu entwickelte Abgasanlage.

Eine schwierige Aufgabe für die Zwickauer Ingenieure: Das neue Triebwerk samt Vorderachse im alten Trabant unterzubringen.

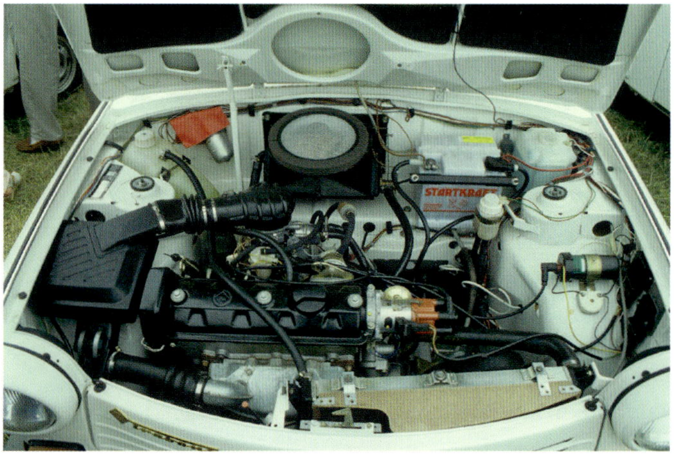

Der Konstruktionsaufwand zur Implantierung des Viertakters hätte vermutlich auch zu einem neuen Auto gereicht.

Und wieder ein »neuer« Trabant

Und wie sah nun der »Trabant-Nachfolger«, in den dieses moderne Aggregat eingepflanzt werden sollte, aus? Kaum anders als sein Vorgänger! Die *KFT* schrieb in ihrer Ausgabe 2/1990 zur Vorstellung des neuen Trabant einleitend: »Der Trabant 1,1 ist nichts weniger als das kraftfahrzeugtechnische Erbe einer verfehlten Wirtschaftspolitik. An ihm werden die Deformationen deutlich, die eine ignorante politische Führung dem Automobilbau beigebracht hat.«

Tatsächlich hatten die für die Konstruktion des Trabant 1,1 verantwortlichen Ingenieure Brückner und Zwingenberger eine schwierige Aufgabe zu lösen. Die überplanmäßig hohen Investitionen für den Motor ließen nur beschränkte Mittel für den 601-Nachfolger oder besser dessen Produktion zu. Neben dem neuen Montagewerk in Mosel mussten die alten Produktionsanlagen in ihrem inzwischen katastrophalen Zustand verbleiben. Mit dem Aufwand, der nötig war, den alten Trabant zur Aufnahme des neuen Motors umzugestalten, hätte zweifellos ein völlig neues Auto entwickelt - aber eben nicht produziert werden können.

60% der Karosserieteile wurden zwar konstruktiv überarbeitet, was äußerlich aber kaum wahrnehmbar war, da die Außenhaut aus Pressstoff nahezu unverändert übernommen werden musste. Lediglich die etwas veränderte Motorhaube und die neu gestaltete Frontschürze wurden aus Blech gefertigt, da für die angepeilten Jahresstückzahlen (die noch weit unter den international üblichen und rationellen Ausstößen lagen) die Kapazitäten in der Duroplastfertigung nicht ausreichten. Nach 1968 war die Pressstoffteile-Fertigung weder erweitert noch irgendwie modernisiert worden, da potentielle Trabant-Nachfolger immer mit einer Ganzstahl-Karosserie in Serie gehen sollten. Dazu war nun aber kein Geld mehr vorhanden; die alten Anlagen mussten weiter an der Grenze ihrer Leistungsfähigkeit arbeiten. Erst für 1995 sahen die Pläne der ostdeutschen Wirtschaft den »endgültigen« Trabant-Nachfolger im Blechkleid vor.

Neben den beiden genannten Teilen hatte sich der rechte hintere Kotflügel noch dadurch geändert, dass ein hässlicher Tankeinfüllstutzen grobschlächtig eingelassen worden war. Ansonsten gab es außen noch neu gestaltete Plastik-Stoßstangen und neue Heckleuchten mit integrierter Nebelschlussleuchte (links) und Rückfahrscheinwerfer (rechts).

Unter dem Kunststoffkleid hatte sich eine Menge ändern müssen. Um Platz im Motorraum zu schaffen, wurde der 28 Liter fassende Tank unter das Heck des Wagens verlegt. Der Fahrschemel war komplett neu, trug neben Motor und neuem, in Zwickau entwickeltem Getriebe, Mc Pherson-Federbeine, Querlenker, Stabilisatoren und Scheibenbremsen. Die Spur für die neuen Scheibenräder mit Humpfelgen wurde um 74 mm vergrößert, die Radkästen Platz sparend verändert. Insgesamt wurde der Vorbau sehr stabil gehalten, entsprechend dem geplanten Einbau eines 1,3-Liter-Dieselmotors.

Hinten blieb fast alles beim Alten, die Hinterachse wurde lediglich etwas verstärkt und in Silentbuchsen geführt. Und innen ging es auch weiterhin spartanisch und ungemütlich zu. Die

(Bild oben und unten) Nach 25 Jahren war der neue Trabant wieder mal nur der alte - jedenfalls von außen gesehen.

Schaltknüppel statt Krückstock - ansonsten hatte sich im Innenraum des »neuen« Trabant 1,1 wenig getan.

Platzverhältnisse hatten sich durch notwendige Verstärkungen sogar noch verschlechtert. Das spürten große Fahrer besonders im Fußraum, der sich durch die neuen Federbeine verkürzt hatte.

Überhaupt musste sich das Uralt-Ambiente des Innenraumes die heftigste Schelte der Kritiker gefallen lassen; da halfen weder Knüppelschaltung noch leicht modifiziertes Armaturenbrett.

Bleibt noch nachzutragen, dass Motor und Getriebe durch eine Einscheiben-Trockenkupplung mit Drehschwingungsdämpfer getrennt wurden und die elektrische Anlage mit Hilfe einer 740-Watt-Drehstromlichtmaschine und einer 44-Ah-Batterie aufgerüstet worden war. Die Höchstgeschwindigkeit des mit dem Polo-Motor angetriebenen Trabant betrug knapp über 125 km/h. Dabei musste das Triebwerk, obwohl 5 PS schwächer, 500 U/min schneller laufen als das im kleinen Wolfsburger, was nicht unwesentlich zum vergleichsweise hohen Spritverbrauch von 7,5 Liter pro hundert Kilometer beitrug. Der hohe Luftwiderstand der alten Trapez-Karosserie (c_W = 0,84) tat hier ein Übriges.

Die Nullserie läuft an

Als Ende November 1989 die Nullserie mit 150 Fahrzeugen im alten Montagewerk II in Zwickau anlief, betrug der Bestand an offenen PKW-Bestellungen in der DDR 6,2 Millionen Fahrzeuge! Wenngleich bekannt war, dass davon nicht jede Anmeldung auch tatsächlich einen PKW beanspruchte (tausende Anmelder waren sogar längst verstorben), mussten die 135 Milliarden Mark an Spareinlagen, die DDR-Bürger zur gleichen Zeit auf der hohen Kante hatten, als echte PKW-Kaufkraft gegengerechnet werden. Dieser Fakt beeinflusste nicht unwesentlich die Preisgestaltung, die schon im Nullserienstadium stattgefunden hatte. So wurden sagenhafte 19 865 Mark (Ost) für die Limousine verlangt. Die Fahrzeuge der Nullserie und der ab Ende 1989 in Mosel vom Band laufenden Vorserie (850 Stück) wurden jedoch vor allem an »verdiente« Automobilwerker in Zwickau und Karl-Marx-Stadt günstiger abgegeben.
In der übrigen DDR interessierten sich die Bürger nach dem 9. November sowieso immer weniger für Automobile aus sozialistischer Produktion. Die Goldgräberzeiten für bundesdeutsche Gebrauchtwagenhändler waren angebrochen.

Der Trabant 1,1 geht in Serie

Trotz allem begann am 21. Mai 1990 die Serienproduktion im Werk Mosel, zeitgleich übrigens mit den ersten dort montierten Polos. Zu deren Gunsten musste sich Sachsenring schon im September wieder aus Mosel zurückziehen, Volkswagen hatte die Fertigungshalle komplett übernommen. Im Werk II in Zwickau wurde die Produktion fortgesetzt, allerdings bereits stark eingeschränkt, da die Nachfrage drastisch nachließ. Die Limousine hatte inzwischen nur noch einen Produktionsanteil von 10 % und dem universal stellten die Zwickauer einen Pick-up und nun auch für das Inland den Tramp zur Seite. Die Produktion des P 601 war am 25. Juli 1990 ausgelaufen, und mit dem Kampfpreis von DM 3680,- versuchten die Kaufleute, die Zweitakt-Halden abzubauen. Doch das ging genauso schleppend voran wie der Absatz des Viertakt-Trabis. Daran änderten auch der ab Januar 1991 eingebaute ungeregelte Katalysator oder der mit IVM-Engeneering Neckarsulm entwickelte Prototyp »Caro-Tramp« nichts mehr: Am 30. April 1991, um 14.51 Uhr, rollte nach 33 Jahren der letzte Trabant, ein universal, vom Zwickauer Montageband.

Einen Pick-Up hätte sich mancher Handwerker früher schon gewünscht, für den Viertakt-Trabi kam er zu spät.

■ *Der Tramp, nun für jedermann zu haben, konnte auch nichts mehr retten.*

■ *Rechts der 1991 in wenigen Exemplaren gebaute »Caro-Tramp« der Neckarsulmer IVM-Engineering.*

Als Zäune und Stacheldraht nach dem 9. November 1989 niedergerissen wurden, interessierte sich in der Noch-DDR kaum mehr jemand für den neuen Viertakt-Trabi.

Kurz nach der politischen Wende begann auf dem früheren Gebiet der DDR das Massensterben ostdeutscher Fahrzeuge. Die große Ostalgiewelle rollte erst ein paar Jahre später an.

Mit jedem der letzten 444 Trabant 1,1 universal gab es übrigens ein kleines Büchlein zur Trabi-Geschichte.

Der Ladenhüter

Etwa ein Drittel der produzierten Viertakt-Trabis konnte in Deutschland abgesetzt werden (nach der Währungsunion war der Preis auf etwa 7000 Mark gesenkt worden), die meisten wurden jedoch nach Polen und Ungarn verramscht. Von Polen traten dann noch einmal etwa 5000 Wagen den Weg zu den Magyaren an, so dass dort letztendlich gut die Hälfte aller Trabant 1,1 auf den Straßen rollte.

Ein paar Trabis verirrten sich 1991 von Polen aus auch in die Türkei. Der dortige Importeur fuhr jedoch, noch bevor die Wagen ankamen, in die Pleite. So blieben Zwickauer Kleinwagen gut drei Jahre im Zollhafen von Mersin der salzigen Seeluft ausgesetzt, ehe sie den Rückweg antreten und ihre Odyssee im Geburtsort Zwickau beenden durften.

444 Trabant 1,1 waren es angeblich, die Zahl dürfte allerdings zu Werbezwecken »getunt« worden sein. Für eine der Nachfolgefirmen des VEB-Betriebes, die 1994 gegründete »Sachsenring Automobiltechnik GmbH, Zwickau«, sollten die universal, als »last edition« angepriesen, zum großen Geschäft werden. Die Wagen, die nach Aussagen von Beteiligten nur oberflächlich vom Rost befreit wurden, kosteten anfangs 19 444 DM. Da hatten die Marktanalytiker des Unternehmens den inzwischen tatsächlich schier grenzenlosen Trabi-Boom aber doch überschätzt: der Absatz lief so schleppend, dass die übrig gebliebenen 351 Fahrzeuge am 11. Mai 1996 an eine Supermarktkette verkauft wurden. Deren ostdeutsche Filialen versuchten dann, die Kombis für 9999 DM an den Mann oder die Frau zu bringen. Das letzte Angebot dürfte das wohl noch nicht gewesen sein.

40
XK 49-96

Erfolge im Motorsport

Wenn der ganz normale Bürger dieses Landes an das DDR-Kultfahrzeug »Trabant« denkt, wird er vermutlich nicht gleichzeitig an Motorsport denken. Diesen bräsigen und wenige Jahre nach seinem Erscheinen aus der Zeit gefallenen Kleinwagen kann man sich zunächst mal nicht als Motorsportler vorstellen. Bei näherem Hinsehen zeigen sich jedoch Eigenschaften, die den Trabant – zumindest für den Rallyesport – als durchaus geeignet erscheinen lassen. Und im sozialistischen Bruderkampf konnte er mit ein wenig Nachhilfe auch auf der Rennstrecke bestehen.

Die Teilnehmer der I. Internationalen Automobil-Rallye »Für Frieden und Freundschaft« Moskau-Warschau-Berlin-Prag über 5000 Kilometer trafen am 7. Juni 1960 in Berlin ein. Auf dem Karl-Marx-Platz starteten sie zu einem Automobilslalom. Feldmann-Lange (DDR) auf Trabant am Start.

Der Trabant im Rallyesport

Bevor der Trabant ab 1958 im Inland und ein Jahr später auch im Ausland im Rallye-Geschehen mitmischte, hatten sich diverse Fahrer schon seit 1957 mit dem P 70 in diesem Sport versucht.

Die erfolgreichen Rückkehrer von der Rallye Hanseat 1961 fuhren über zehn Jahre lang auf den internationalen Strecken vorne mit: (v.l.n.r.) A. Kießling, K. König, F. Galle, H. Feldmann, M. Georgie, E. Asmus, H. Piehler.

In den ersten Jahren der Trabantfertigung war die Konkurrenz in der Klasse bis 600 cm³ (später 750 cm³) auf den internationalen Rallye-Pisten noch recht groß. Der Zwickauer Kleinwagen konnte da sehr erfolgreich mithalten.

Mit der Gründung der Rallye-Sportabteilung des Sachsenring-Werks im April 1960 zogen fortan vier Teams und ein Trabant-Kombi als Service-Wagen von Strecke zu Strecke, um für den kleinen PKW nach alter Zwickauer Tradition zu werben. Anfangs in den Klassen bis 600 oder 750 cm^3 startend, war die kleine Mannschaft sehr erfolgreich, mit der Anhebung der untersten Startklasse bei verschiedenen Veranstaltungen auf 850 und später sogar 1300 cm^3 wurde die Luft für den Zweitakter, der bis zu 70 PS an die Vorderräder weitergab, zunehmend dünner. Im Übrigen konnten die bescheidenen Aufwendungen längst nicht mehr mit den Millionen-Investitionen der Auto-Multis mithalten. Anfang der siebziger Jahre verabschiedete sich der Trabi dann mehr und mehr von den großen internationalen Veranstaltungen. »International« waren dann nur noch die Ostblockstaaten unter sich.

Die Ausstellung der erfolgreichen Rallye-Trabis zur Leipziger Messe tat dem Image der ostdeutschen Automobilbauer gut, die im Exportbereich mehr und mehr an Boden verloren.

(Abb. links und nächste Seite unten) Die 1000-Seen-Rallye in Finnland war die letzte westliche Veranstaltung, an der die »Rennpappen« noch bis in die achtziger Jahre hinein teilnahmen.

Nachfolgend eine Auswahl der herausragendsten internationalen Erfolge, die trotz starker Konkurrenz erzielt wurden.

Jahr	Rallye	Wertung	Fahrer
1959	Semperit/Österreich	2 x Gold/1 x Bronze	Miethe/Erler; Linke/Günther; Galle/Pestel
1959	Wiesbaden	2 x Bronze	k.A.
1960	Hanseat	1 x Silber/2 x Bronze	Galle/Georgie; Feldmann/Lange; Landgraf/König
	Semperit	1 x Gold	Feldmann/Lange
	1000 Seen Finnland	1x Gold/ 1x Silber	Asmus/Piehler; Feldmann/Lange
1961	Hanseat	3 x Gold	Asmus/Piehler; Feldmann/König;Galle/Georgie
	Semperit	2 x Silber/ 2 x Bronze	Galle/Georgie;Landgraf/Lange; Feldmann/König;Linke/Pestel
	1000Seen	1 x Silber/ 1x Bronze	Asmus/Piehler; Landgraf/Lange
1963	Österreichische Alpenfahrt	2 x Gold/ 2 x Silber	Galle/Pestel; Asmus/Piehler; Ullmann/Lange; Landgraf/Georgie
1965	Österreichische Alpenfahrt	1x Silber/ 1x Bronze	Asmus/Piehler; Ullmann/Lange
	Tulpen-Rallye	silberne 3-Tulpen-Trophäe	Asmus/Piehler
	Semperit	1x Gold	Galle/Feldmann
	München-Wien-Budapest	1x Gold/ 1x Silber	Asmus/Piehler; Galle/Feldmann
1967	Rallye DDR (Europameisterschaftslauf)	Klassensieger	Ullmann/Lange
	Donau-Castrol	1 x Bronze	Galle/Müller
1968	Rallye Monte Carlo	1 x Silber/1 x Bronze	Asmus/Piehler; Ullmann/Lange
	1000 Seen	1 x Gold	AsmusPiehler
1969	München-Wien-Budapest	1x Silber	Asmus/Piehler
1970	Rallye Monte Carlo	1 x Gold/ 1x Silber	Asmus/Piehler; Galle/Müller
	Tulpen-Rallye	1 x Gold	Asmus/Piehler

Der Trabant im Straßenrennsport

Ab 1971 wurde in der DDR auch eine Straßen-Rennserie für Tourenwagen bis 850 cm³, ab 1976 bis 600 cm³ gestartet. Da es in dieser Hubraumklasse selbst im sozialistischen Ausland bald keine Serienfahrzeuge mehr gab, blieben die »Rennpappen« hier völlig unter sich.

Zur »Rennpappe« wurde die »Pappe« durch Eingriffe in die Fahrwerks- und Motorentechnik. Anfänglich lag die Leistung bei gut 40 PS, was bei einer entsprechenden Getriebeübersetzung Spitzengeschwindigkeiten von 140 km/h erlaubte. 1974 lagen die Spitzengeschwindigkeiten bereits bei 160 bis 165 km/h. 1979 kamen die Motoren vom DDR-Meister des Vorjahres, Helmut Aßmann, auf 64 PS bei 5600 U/min und einer Verdichtung von etwa 11,5:1. Das Drehmoment stellte sich nur knapp unter der Höchstdrehzahl ein, so dass es einem Ungeübten schwergefallen wäre, das Fahrzeug überhaupt in Bewegung zu setzen. Mitte der achtziger Jahre leistete ein hochklassiger Rennmotor 67 PS bei 6000 U/min. Um dem Serientriebwerk diese Kräfte zu entlocken, bedurfte es natür-

lich einer umfangreichen Kur. Die Leistungssteigerung begann bereits beim Ansaugrohr, das erweitert und strömungsgünstiger gestaltet wurde. Des Weiteren wurden die Flachdrehschieberbleche für ein schärferes Einlass-Steuerdiagramm ziemlich umgemodelt. Die Kurbelwelle erhielt an den Innenwangen eine aerodynamisch günstigere Form; die Schwungmasse musste für eine bessere Beschleunigung erleichtert werden. Die Verdichtung wurde, je nach Steuerdiagramm, bis auf maximal 12:1 erhöht. Die Zylinder wurden zu Fünfkanal-Zylindern umgestaltet, die Kolben waren Sonderanfertigungen. Ein verändertes Kühlluft-Gebläse sorgte für gesunde Motortemperaturen. Als Vergaser kamen größtenteils BVF-Sportvergaser oder spezielle tschechoslowakische JIKOV-Vergaser zum Einsatz – Nadeldüsen-Schiebervergaser, die an das Triebwerk genau angepasst wurden. Die Abgasanlage war eine so genannte Doppel-Diffusor-Konstruktion aus zwei Schalldämpfern, die auf dem Prüfstand passend abgestimmt wurde. Die von Aßmann getunten Motoren galten auch in puncto Leistung und Standfestigkeit als Spitze. Schließlich lagen die Leistungen bei bis zu 80 PS, was die Höchstgeschwindigkeit auf 180 km/h trieb und die Beschleunigung von 0 auf 100 km/h auf 7 Sekunden drückte.

■ *Rainer Brand gehörte zu den ersten Fahrern, die ab 1971 in der offiziellen Rennserie »Spezial Tourenwagen Gruppe A 2 bis 850 cm³« mitfuhren.*

■ *Auch für gut getunte Trabant 1,1 war sportlich kaum mehr als ein Pylonen-Slalom drin.*

■ *(große Abb) Rundstreckenrennen in der Trabant-Klasse A 21 im Jahre 1984 auf dem Sachsenring.*

FEUERWEHR
www.zweitaktgeschwader-leipzig.de
L VB 601
www.zweitaktgeschwader-leipzig.de
L OS 601

Die Legende lebt

Was sich in den letzten 25 Jahren in der Trabi-Szene abspielte, ist, wenn überhaupt, nur mit dem Rummel vergleichbar, der in den späten Achtzigern um den VW Käfer einsetzte, vergleichbar. Unzählige Clubs, Interessengemeinschaften und Stammtische haben sich etabliert, sehr viele davon auch in den alten Bundesländern sowie in Ost- und Westeuropa, wo es schon immer sehr aktive Trabant-Fahrer gab.

Gemessen an der Zahl der Mitglieder ist der Trabant-Club Prag, mit mehr als 600 Aktiven einer der stärksten in Europa, aber sehr aktive Trabant-Fahrer gibt es unter anderem auch in Skandinavien, den Benelux-Ländern, Frankreich oder der Schweiz.

Obgleich zur Kategorie Oldtimer-Clubs gehörig, sind die wirklichen Oldie-Freaks unter den Trabi-Fahrern eher in der Minderheit. Stammtischidylle, der Spaß an extravaganter Mobilität und nicht selten ein Schuss (N)Ostalgie sind weitere Motive, sich mit dem Zwickauer Kleinwagen zu befassen. Und: Der Einstieg ist trotz der in den letzten Jahren explodierten Preise so moderat wie bei kaum einem anderen Klassiker auf vier Rädern.

Der P 70 in der Trabi-Szene

Wer einen P 70 sein Eigen nennt und einen jährlichen Mitgliedsbeitrag einzahlen möchte, wird bei einem der vielen Trabi-Clubs aber eher schlecht vertreten sein. Obgleich der F-8-Nachfolger in den letzten Jahren von der Trabi-Szene umworben wurde, fristete er dort nur ein Schattendasein. Das liegt nicht nur daran, dass die Zahl der noch am Leben befindlichen Fahrzeuge nicht sonderlich hoch ist, vielmehr hört unter den Duroplastteilen die Verwandtschaft mit seinen Nachfolgern auf. Bei gemeinsamen Ausfahrten hat der P 70 zudem Mühe, den Anschluss nicht zu verlieren. In einem der

Ein P 70 ist heute nicht mehr auf jedem Ost-Oldtimertreffen zu sehen.

IFA-Clubs oder aber im Deutschen DKW Club e.V., der sich intensiv auch um die frühen IFA-Fahrzeuge kümmert, sind P 70 und Fahrer dagegen gut aufgehoben.

Die lebendige Trabi-Gemeinschaft

In der Szene wird ordentlich was geboten. Von Mai bis Oktober gibt es kaum ein Wochenende ohne Trabi-Treff bzw. Veranstaltungen für Ost-Oldtimer. Der Höhepunkt jeden Jahres ist das Internationale Trabant Treffen (ITT), zu dem im gut organisierten Chaos einige tausend Duroplastfahrzeuge aus aller Welt nach Zwickau rollen. Zehntausende Besucher bestaunen alljährlich das Skurrilste, was sich so aus Kunststoff und Blech formen lässt, trinken Trabi-Bier oder Trabi-Schnaps oder beides und lassen sich die Bratwürste vom Trabi-Grill schmecken. Im Jahre 2009 fand das Treffen erstmals in Ferropolis statt, der Stadt aus Eisen am Rande der Dübener Heide, wo es sich aber nicht etablieren konnte.
Für viel Spaß sorgen auch motorsportliche Veranstaltungen, die in der Szene an Bedeutung gewonnen haben. Im Rallye-Sport kämpften seit 1993 jährlich etwa 50 Besatzungen um die AvD-Trabi-Trophäe. In rund einem Dutzend Wertungsläufen ging es dabei profimäßig zur Sache, wobei die 601er bis auf den Schutzkäfig überwiegend seriennah verbleiben müssen. Ganz anders sieht es beim Trabi-Cross, unter anderem dem vogtländischen Stoppelfeld-Rennen aus. Ebenfalls nur für P-601-Fahrzeuge ausgeschrieben, dürfen diese im Spezialklassement innen wie außen aufgerüstet werden. Vorschrift für alle Teilnehmer ist lediglich ein Katalysator.

Das ITT in Zwickau dürfte alljährlich das größte Trabant-Treffen in Deutschland und Europa sein.

■ *(Abb. oben) Vom wunderschön restaurierten Trabant-500-Gespann …*

■ *… bis zum nach eigenem Geschmack gestalteten »Trabilack« ist bei den großen Veranstaltungen jede Menge rollendes Duroplast zu bewundern.*

■ *Und der Spaß kommt auch nicht zu kurz. Eigenwillige Auslegung des berühmten Autodachzeltes von Gerhard Müller.*

Trabant-Bestand

Trotz der sehr lebendigen Szene ging der Abbau des Trabant-Bestandes in Deutschland kontinuierlich voran. Den Verschrottungsprämien der Neuwagenanbieter stehen die Kraftfahrzeugsteuergesetze zur Seite, die auch dem kleinen Sechshunderter kräftig zusetzten. Und: Führerscheinanfänger, die mit dem billigen Trabi begannen, nun aber automobilmäßig aufwärtsstreben, müssen ihre »Rennpappe« auf diese oder jene Weise wieder loswerden. Dabei sind die Zeiten, da Trabi-Wracks die ostdeutschen Straßenränder säumten, längst schon deutsche Geschichte. Vor einigen Jahren sorgte der Trabant für andere Schlagzeilen, gehörte er doch immer wieder zu den meistgestohlenen Autos in diesem Lande.

Vor einigen Jahren setzte für DDR-Fahrzeuge allgemein eine Wende ein. Das Interesse an altem ostdeutschem Blech bzw. Kunststoff nahm enorm zu, und die Preise stiegen - selbst für Schrottfahrzeuge - drastisch an. Mit diesem gesteigerten Interesse stabilisierte sich der Trabant-Bestand in Deutschland nicht nur, er begann sogar wieder zu wachsen. Also wurden ursprünglich stillgelegte Fahrzeuge wieder reaktiviert (restauriert) und erneut in Verkehr gebracht. Und dieser Trend ist anhaltend. Das Jahr 2014 markierte hier den Tief- und gleichzeitig den Wendepunkt. 32.311 Fahrzeuge aller Trabant-Typen waren in diesem Jahr in Deutschland zugelassen, 2023 waren es wieder über 40.000. Die wenigen P 70, die offiziell auf unseren Straßen rollen, sind da nicht mitgezählt. Der Trabant-Vorläufer hat sich rar gemacht, zumal ihm kaum noch zugemutet wird, auf eigenen Achsen zu Oldtimer-Veranstaltungen zu rollen.

Die Zeiten, in denen ausgediente Trabis am Straßenrand abgestellt wurden, gehören längst der Vergangenheit an.

In der Trabi-Szene ging es schon immer auch um Individualität bei der Fahrzeuggestaltung. Auch das half, den Bestand zu wahren und in den letzten Jahren sogar wieder auszubauen.

Die Restaurierung

An einer Restaurierung führt in den meisten Fällen kein Weg vorbei, egal wie Trabant oder P 70 im Originalzustand die letzten Jahrzehnte verbracht haben.
Dabei ist es inzwischen so, dass die absoluten Klassiker, von P 70 bis P 60, ihre Restaurierungskosten mit dem aktuellen Marktwert wieder einspielen können. Für die Modelle 601 und 1,1 mag das noch nicht immer der Fall sein.
Die Literatur-Auswahl für ostdeutsche PKW ist glücklicherweise reichhaltig und anerkannt gut gestaltet. So geben die Reparatur-Handbücher für P 70 und Trabant unter anderem Hinweise zum Austausch von Teilen des Holzgerippes und zu Schweißarbeiten am Karosserieträger. Denn am Trabant, gleich welchen Jahrgangs, sind Schweißarbeiten unabdinglich. Die Karosserien sind fast immer weit mehr vom Rost angegriffen, als das die äußere Kunststoff-Hülle erkennen lässt. Besonders anfällig sind Türschweller (Karosserielängsträger) mit Einstieg, Türsäulen, die Verbindungsstelle zwischen Grundkörper und Fahrschemel, die Falze am Türinnenblech, die Querträger in Fahrzeugmitte und Heck sowie die Radkastenverstärkungen. Reparaturbleche werden inzwischen ebenso angeboten wie originale oder nachgefertigte Karosserie-, Fahr- und Triebwerksteile. Duroplast-Teile sind für den P 70 Raritäten, für P 50/60 selten, für den P 601 dagegen ohne größere Schwierigkeiten aufzutreiben. Nur die Motorhaube für den Typ 1,1, aus Stahlblech, ist ein rarer Artikel geworden, da sie auch manchem Zweitakt-Trabi zur Zierde wurde; andererseits passt notfalls auch die Duroplasthaube auf den Viertakter.
Kleine Handwerksbetriebe preisen heute wieder ihre Dienste für Vorderachs- oder auch Motor- und Getriebe-Überholungen an. Da die Technik relativ einfach und gute Literatur vorhanden ist, können besser ausgestattete und begabte Freizeit-Schrauber auch vieles selbst in die Hand nehmen.

Reparaturhandbücher für Kraftfahrzeuge aus der DDR waren anerkannt gut. Im Original teuer, sind sie heute ...

... *in Form von Reprints durchaus erschwinglich.*

■ *(Abb. oben und unten) Das kann auch der handwerklich begabte Laie: Die angeklebten Duroplastteile des Trabant lassen sich mit der Heißluftpistole lösen.*

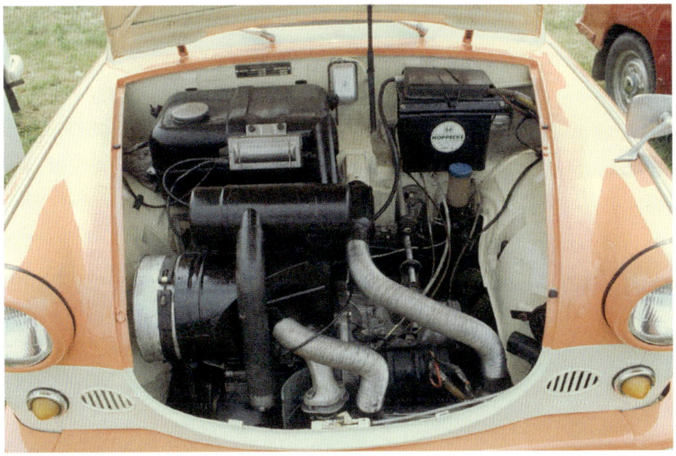

■ *Top restauriert und sortiert: Zwar gilt die Technik der Zwickauer Zweitakter als vergleichsweise einfach, eine Motorüberholung ist aber immer noch eine Angelegenheit für Fachleute.*

Cabrio-Umbauten

Cabriolets hat es nach dem F 8 ja serienmäßig nicht mehr aus Zwickau gegeben, doch da wurde in der Szene kräftig nachgebessert. Der Trend zum Köpfen jüngerer Automobil-Klassiker setzte Ende der achtziger Jahre verstärkt ein und erfasste die Trabi-Welle in den 90ern so intensiv, wie es wieder nur mit den Cabrio- und Speedster-Umbauten des Käfers vergleichbar ist. Und was für diesen gilt, kann auch der Trabant für sich verbuchen: Das Cabriolet macht eine wirklich gute Figur. Egal ob mit oder ohne Überrollbügel, der Wagen bleibt viersitzig und der Kofferraum verliert nicht an Volumen.

Die Hochglanz-Prospekte einiger Umrüster und Anbieter von Cabrio-Bausätzen für die P 601- und 1,1-Limousinen versprachen den Frischluft-Spaß für wenig Geld und noch weniger Zeit. Um die 2000 Euro kosten sie alle, und laut Prospekt-Information schafft selbst der Nichtfachmann den Umbau bequem an einem Wochenende. Einige wenige Schweißkenntnisse und ein entsprechendes Gerät vorausgesetzt. Die Neulackierung des ganzen Fahrzeugs wäre nicht notwendig.

Grundsätzlich mag das in vielen Fällen auch so sein. Aber: Wer für sein Trabi-Cabrio eine längere Zukunft in der eigenen Garage plant, sollte mehr tun, als die Umbauanleitung verlangt. Eine Restaurierung von Grund auf, die die Umgestaltung der Karosserie einschließt, ist empfehlenswert, eine Komplettlackierung dann unumgänglich. Auch sollte über zusätzliche Verstärkungen nachgedacht werden. Zwar sind die mitgelieferten Karosserieverstärkungen für die TÜV-geprüften Bausätze grundsätzlich ausreichend, ein paar Bleche mehr sorgen aber für noch bessere Stabilität und Sicherheit.

Möchte der Trabant-Besitzer aus seiner Limousine gar einen Tramp oder Kübel machen lassen, was ebenfalls durchaus

Der Trabant macht als Cabrio eine gute Figur. Umbausätze sind von verschiedenen Anbietern zu haben. Die Firma Ostermann aus Osnabrück war da zu Beginn ...

möglich ist, dann sollte er sich doch besser an einen Fachmann wenden. Logisch, dass dieses Frischluft-Vergnügen die teurere Variante ist. Für einen kompromisslosen Umbau mit kompletter Restaurierung ist auch der Spezialist schnell bei 100 und mehr Arbeitsstunden angelangt. Dazu kommen Material- und Sattlerkosten.

.... der 90er Jahre ganz vorne mit dabei.

Auch das ist möglich, wenn auch aufwändig: Die Verwandlung einer Trabat-601-Limousine in einen offenen Kübelwagen.

Trabant-Tuning

Weiter steigern lassen sich Trabi-Spaß und Kosten dann noch mit diversen mehr oder weniger sinnvollen Nachrüstungen an Trieb- und Fahrwerk sowie Karosserie. Trabant-Tuning entwickelte sich in den neunziger Jahren schon fast zu einer Art Industriezweig. Auch hier können Umbausätze oder Anbauteile frei Haus geliefert oder diverse Werkstätten in Anspruch genommen werden. So lässt sich zum Beispiel der Zweitaktmotor in der eigenen Werkstatt mit Bausatz und Anleitung in seiner Leistung steigern. Die Implantation des Dreizylinder-Wartburgmotors sollte dagegen besser ein Fachmann übernehmen. Wie auch den Austausch des Viertaktmotors im Trabant 1,1. Der Viertakter des letzten Wartburgs ist da ein beliebtes Implantat; aber auch Polo-Motoren mit bis zu 75 PS können eingepasst werden. Einen Sammel-TÜV gibt es dafür freilich nicht, jedes Fahrzeug ist gesondert vorzuführen. Das gilt auch für die Montage von Radadapter-Platten zur Anbringung anderer (standardisierter) Radgrößen.

Für die Beplankung der Karosserie mit allerlei Plastik-Zierrat zeigt auch lediglich der TÜV die Grenzen auf. Von sachlich dezent bis übertrieben verspielt sind ganze Kataloge mit Angeboten gefüllt. Da ist der Trabant mit seinen an den Karosseriekörper geklebten Duroplastteilen das ideale Objekt, die Kunst des Modellierens am PKW zu zelebrieren.

So kann es nur der Meister: Einbau eines Wartburg-Viertakters im Duroplastgeviert.

(Abb. oben und unten) Rund ein halbes Dutzend ernst zu nehmender Firmen hatte sich seit Mitte der neunziger Jahre auf die Fertigung von Kunststoff-Beplankungsteilen für den Trabant spezialisiert. Von eher dezent bis sehr auffällig ist alles möglich.

Fakten, Zahlen und Tabellen

Mechanische Eigenschaften des Duroplast

Die mechanischen Eigenschaften sind durch die Länge der Baumwollfaser, die Art der Faservorbehandlung, die Fasermischung und den Harzgehalt beeinflussbar. Nachstehende Werte gelten für das ab Ende 1956 hergestellte Karosseriematerial.

Die Körperschalldämpfung von Duroplast entsprach bei 3 mm Dicke dem gleichen Wert von 0,8 mm Stahlblech, das mit 3 mm Antidröhnmasse belegt ist.

Biegebruchfestigkeit	180 N/mm^2
Schlagbiegefestigkeit	28 Nmm/mm^2
Kerbschlagbiegefestigkeit	27 Nmm/mm^2
E-Modul aus Biegung	7800 N/mm^2
Zugfestigkeit	96,5 N/mm^2
Wasseraufnahme in vier Tagen	1,2 %
Dichte	1,38 g/cm^3
Gewicht	4,15 kg m^2 (bei 3 mm Dicke)

Produktionszahlen

Für den P 70, die späteren P-601-Produktionsjahre und den Trabant 1,1 konnten keine Produktionszahlen getrennt nach Karosserievarianten ermittelt werden.

Jahr	P 70	P 50 gesamt	Limousine	Kombi	P 60 gesamt	Limousine	Kombi
1955	2 150						
1956	8 095						
1957	10 893	50	50				
1958	11 466	1 730	1 730				
1959	4 182	20 050	19 824	226			
1960		35 270	32 348	2 922			
1961		39 335	35 080	4 255			
1962		35 000	30 755	4 245	10 300	8 505	1 795
1963					53 300	42 910	10 370
1964					31 332	19 328	12 004
1965					12 075		12 075

Jahr	P 601 gesamt	Limousine	Kombi	Kübel	Trabant 1,1
1963	110	110			
1964	29 808	29 808			
1965	58 091	56 249	1842		
1966	73 885	59 130	14 590	165	
1967	76 926	61 319	14 887	720	
1968	79 738	63 677	15 607	454	
1969	83 468	66 762	16 074	632	
1970	86 200	68 950	16 830	420	
1971	91 065	73 016	17 445	604	
1972	93 930	74 973	18 417	540	
1973	98 632	77 969	20 196	467	
1974	102 816	80 665	21 475	679	
1975	105 107	81 368	23 191	548	
1976	108 460	83 797	24 096	567	
1977	109 629	84 493	24 765	371	
1978	112 235	86 337	25 249	614	
1979	115 027	88 528	25 819	680	
1980	118 436	94 337	23 465	634	
1981	120 100	93 711	25 930	459	
1982	121 630	97 083	23 913	634	
1983	124 300				
1984	130 000				
1985	136 370				
1986	143 700				
1987	145 576	117 545	27 651	380	
1988	145 600	117 477	27 638	335	150
1989	144 852		27 641		722
1990/91	92 740				38 122

Export

1973 endete mit weniger als 100 Fahrzeugen der Trabant-Export in das westliche Ausland. Die folgende Statistik beschränkt sich deshalb auch auf diesen Zeitraum.

Jahr	westl. Ausland, Fahrz./Stück	Ostblock, Fahrz./Stück
1959	847	
1960	2143	
1961	2383	
1962	1524	
1963	3549	
1964	6565	
1965	5910	167 157 (1958-65)
1966	3530	18 502
1967	1690	18 806
1968	1298	17 602
1969	292	17 458
1970-1973	716	128 012

Ungarn war für die Zwickauer Automobilbauer der Exportmarkt Nr. 1. Hier die Vorstellung des Trabant 601 auf einer Messe in Budapest im Frühjahr 1966.

Farben

Fragen zur Lackierung früher DDR-Automobile sind heikel. Das gilt auch noch für den P 70, erst der Trabant erhielt Farbgebungen nach einem Schlüsselsystem. Die Farbtöne des P 70 konnten variieren, oft wurde zusammengemischt, »was gerade da war«, wie es ein früherer Audi-Mitarbeiter ausdrückte.

Die aufgeführten Farben entsprechen den Herstellerangaben.

Bei Zweifarbenlackierungen gilt die erstgenannte Farbe für den oberen Teil des Fahrzeugs.

P 70 Modell	Lackierung
P 70 Limousine	rotbraun; grau; beige; türkisblau; rotbraun/hellgrau; türkisblau/hellgrau; schwarz/grau
P 70 Faltdach-Limousine	türkisblau; grau/schwarz; flaschengrün/lindgrün; rotbraun/hellgrau; türkisblau/hellgrau
P 70 Kombi	rotbraun/hellgrau; braun/flaschengrün; türkisblau/hellgrau; schwarz/grau; braun/hellbraun
P 70 Coupé	weiß/blau; weiß/rot; hellgrau/blau; hellgrau/rot; hellgrau/grau; rot/beige

P 50 Modell (1958/59)	Lackierung
Standard/Sonderausführung einfarbig	azurblau; hellgrau; bananengelb; lindgrün; azurgrün; creme
Sonderausführung zweifarbig	rot/creme; stahlblau/hellgrau; lindgrün/creme
Sonderausführung dreifarbig	lindgrün/schwarz/creme

P 50 Modell (1960/61)	Lackierung	Polsterung	Innenverkleidung	Armaturentafel
Standard/Sonderausführung einfarbig	lichtblau	grau	grau	Hammerschlag grau
	lindgrün	beige	beige	Hammerschlag grau
	sonnenbeige	beige	beige	Hammerschlag grau
	silbergrau hell	grau	grau	Hammerschlag grau
	alabasterweiß	beige	beige	Hammerschlag grau
	creme	beige	beige	Hammerschlag grau
Sonderausführung zweifarbig	sonnenbeige/alabasterweiß	beige		
	beige	alabasterweiß		
	lindgrün/alabasterweiß	beige	beige	alabasterweiß
	lichtblau/alabasterweiß	grau	grau	alabasterweiß
	brillantkoralle/alabasterweiß	beige	beige	alabasterweiß
Kombi	pastellgrau/tundrabeige	hellbraun	grau	Hammerschlag grau
	pastellgrau/pastellblau	hellbraun	grau	Hammerschlag grau
	pastellblau/krapprot	hellbraun	grau	Hammerschlag grau
	lichtelfenbein/nilgrün	hellbraun	grau	Hammerschlag grau
	lichtelfenbein/brillantorange	hellbraun	grau	Hammerschlag grau

Angeblich wegen der Beschädigungen der Karosserien beim innerbetrieblichen Transport wurden all die Jahre dezente Lackierungen gewählt, die sich besser ausbessern ließen.

P 60 Modelle (1963-1965)	Lackierung (Sonderwunsch und Kombi mit schmalem, abgesetzten Farbstreifen)
Standard	pastellgrau; rohrgelb; silbergrau; türkis hell
Sonderwunsch/Kombi	pastellgrau/firnblau hell; pastellgrau/rot; pastellgrau/türkis hell; pastellgrau/rohrgelb; pastell-grau/silbergrau

Trabant P 601		
Jahr	Lackierung Karosserie (alle Modelle)	Lackierung Dach (L/de luxe/S-de luxe
1964-68	pastellblau; marmorweiß; pastellgrün; pastellbraun; silbergrau	weiß
ab 1969	taigagrün; alaskagrau; pastellblau	polarweiß
	polarweiß	alaskagrau; granadarot; taigagrün; pastellblau
1973	korallrot	
ab 1976 (zusätzlich)	neptunblau; delphingrau	
1976-77	persisch-orange	
1978	biberbraun	biberbraun (in verschiedenen Kombinationen)
ab 1978	cliffgrün	cliffgrün (in verschiedenen Farbkombinationen)
ab 1979 (zusätzlich)	kristallblau	pastellweiß
	kristallblau	delphingrau
	pastellweiß; delphingrau	kristallblau
ab 1980	baligelb	baligelb (in verschiedenen Farbkombinationen)
ab 1981	papyrusweiß; baligelb; schilfgrün; champagnerbeige; delphingrau; gletscherblau	entsprechend Karosseriefarben in versch. Kombina-tionen

Technische Daten

Motordaten	P70	P50	P50/Z	P50/1	P50/2	P60	P63	P65	WE II	BA 820
Arbeitsverfahren	Zweizylinder-Zweitakt, symmetrisch	Zweizylinder-Zweitakt mit Einlass-Flachdrehschieber (unsymmetrisch)								Vierzylinder-Viertakt
Anordnung					Frontantrieb					
Kühlung	Thermosyphon				Luft-Axialgebläse					Wasser-Pumpe
Hubvolumen/cm^3	690	499	499	499	499	595	595	595	595	1043
Hub mm	76	73	73	73	73	73	73	73	73	59
Bohrung mm	76	66	66	66	66	72	72	72	72	75
Verdichtung	6,8	6,6	6,8	7,2	7,2	7,6	7,6	7,5	7,8	9,5
max. Drehmoment mkg bei U/min	5,4/ 3500	4,15/ 2750	4,3/ 2750	4,5/ 2750	4,5/ 2750	5,2/ 2750	5,4/ 3000	5,4/ 3000	5,4/ 3000	7,4/ 3000
Leistung PS/U/min	22/ 3500	18/ 3900	18/ 3900	20/ 3900	20/ 3900	23/ 4000	26/ 4000	26/ 4000	26/ 4000	40/ 5300
Schmierung Gemisch	25:1	25:1	25/33:1	33:1	33:1	33:1	33:1	50:1	50:1	Ölkreislauf
Zündkerze	M18/ 225	M18 /225	M18/ 225	M18/ 225	M18/ 225	M18/ 240	M18/260 (ab 1972 M14)	M14/ 225	M14/ 225	14/ 175
Lichtmaschine	Dynastart 12 V, 250 W	6 V, 180 W	6 V, 180 W	6 V, 180/220 W	6 V, 220 W	6 V, 220 W	6 V, 220 W	6 V, 220 W	14 V, 580 W	12 V, 740 W
Kupplung	Mehrscheiben in Ölbad					Einscheiben-Trocken				
Getriebe	Dreigang, unsynchr., Freilauf, sperrbar	Viergang, unsynchr., Freilauf, sperrbar			Viergang, synchr., Freilauf im 4. Gang, nicht sperrbar					Viergang, synchr.
Bauzeit	1955-1959	1957-1959	1960	1960-1962	1962	1962-1968	1969-1974	1974-1984	1984-1990	1989-199

Technische Daten					
Fahrwerk	**P 70**	**P 50**	**P 60**	**P 601**	**Trabant 1,1**
Rahmen	Doppelprofil-Rohrrahmen	selbsttragende Bodenplattform			
Radführung vorn	Einzelradaufhängung an Querblattfeder und Lenkerarm				Mc Pherson-Federbeine mit Querlenkern
Radführung hinten	Schwebeachse	Einzelradaufhängung, Pendelachse mit Dreieckslenkern			Schräglenker auf Schraubenfeder wirkend.
Federung/Dämpfung	Querblattfeder vorn und hinten/hydr. Hebelstoßdämpfer	Querblattfeder vorn und hinten/hydr. Teleskopstoßdämpfer		Querblattfeder vorn und hinten (ab April 1988 Schraubenfedern hinten)/hydr. Teleskopstoßdämpfer	Schraubenfedern vorn und hinten/hydr. Teleskopstoßdämpfer
Lenkung	Zahnstange				
Bremsen	Seilzug/Trommeln	hydraulisch/Trommeln			hydraulisch/Scheiben vorn, Trommeln hinten
Bereifung	5,00-16	5.20-13	5.20-13	5.20-13/145 SR 13 (ab 1972)	145 R 13

Abmessungen					
Spur mm vorn/hinten	1190/1200	1200/1220	1211/1255	1211/1255	1280/1255
Radstand mm	2380	2020			
Länge mm	3740	3361 (Kombi 3400)	3361 (Kombi 3400)	3555 (Kombi 3560)	3521 (Kombi 3516)
Breite mm	1500	1493	1493	1510	1528
Höhe mm	1480	1460	1460	1437	1420
Leer-/Nutzmasse kg	830/320	620/330 (Kombi 660/340)	620/630 (Kombi 660/340)	615/335 (Kombi 650/390)	700/385 (Kombi 735/385
Wendekreis m	10				
Tankinhalt l	32	24	24	24 (ab April 1973 26 Liter)	28
Höchstgeschwindigkeit/km/h	90 (Coupé 100)	95	100	100	125

Glossar der Abkürzungen

AWZ	Automobilwerk Zwickau
EMW	Eisenacher Motorenwerke
FDJ	Freie Deutsche Jugend
FEW	Forschungs- und Entwicklungswerk (Chemnitz)
GFK	Glasfaserverstärkter Kunststoff
GVP	Glasfaserverstärktes Polyester
IFA	Industrieverwaltung Fahrzeugbau
KFT	Kraftfahrzeugtechnik (DDR-Zeitschrift)
KWD	Karosseriewerk Dresden (vormals Gläser)
MDN	Mark der Deutschen Notenbank
MZ	Motorradwerk Zschopau
NSW	Nichtsozialistischer Wirtschaftsraum
NVA	Nationale Volksarmee
PVC	Polyvinyl-Chlorid
RGW	Rat für gegenseitige Wirtschaftshilfe
SED	Sozialistische Einheitspartei Deutschlands
VEB	Volkseigener betrieb
VVB	Vereinigung Volkseigener Betriebe
WE	Weiterentwicklung
ZEK	Zentrale Entwicklung und Konstruktion für den Kraftfahrzeugbau
ZVA	Zentrale Versuchsabteilung (Auto Union)

Literaturnachweis

Außer den im Text erwähnten Periodika wurde folgende Literatur verwendet:

Periodika

Kraftfahrzeug-Handwerk, Ausgabe 52/1939

Das Motorrad, Ausgabe 13/1939

Kraftfahrzeugtechnik, diverse Ausgaben 1951-1990

Der Deutsche Straßenverkehr, diverse Ausgaben 1953 -1989

Illustrierter Motorsport, diverse Ausgaben 1952-1989

Bücher

Kirchberg, Peter: Horch-Audi-DKW-IFA. Stuttgart 1988.

Autorenkollektiv: Kraftfahrzeuge auf unseren Straßen. Berlin 1959

Autorenkollektiv: Automobilbauer einst und jetzt. Berlin 1976

Oswald, Werner: Deutsche Autos 1945-1975. Stuttgart 1976

Autorenkollektiv: Motor-Jahr. Berlin (diverse Ausgaben) 1956-1988

Frank Rönicke: Trabant – Legende auf Rädern, Stuttgart 2011